[德]克里斯蒂安·黑塞(Christian Hesse) 著
关玉红 译

数学真有用

生活中的数学智慧

北方联合出版传媒(集团)股份有限公司
辽宁科学技术出版社

献给安德里亚（Andrea）、

汉娜（Hanna）和伦纳德（Lennard）

目录

引言 …… 9

1 幸福婚姻之数学
本章，作者讲述婚姻带来的令人惊讶的附加效应，
以及怎样应用 5:1 原则改善与伴侣的关系 …… 11

2 获得完美结果的最佳途径
本章，作者讲述那些要求苛刻、
万事追求最佳的完美主义者，
以及二战中盟军胜利与交换圣诞礼物之间的关系 …… 16

3 憧憬结局更美好的战争
本章，作者介绍了一个建立公平的公式，
并指出，如何用该公式避免玫瑰之战中夫妻的离婚冲动 …… 21

4 无嫉妒的均衡负担
本章，作者解释了公平并不总是等同于无嫉妒，
并且介绍了无嫉妒分摊繁重职责的方法 …… 26

5 **如果体检结果显示有问题，请保持镇定**

从火灾警报、乳房 X 线检查到癌症筛查，大多数警报都是误报。本章告诉我们，如果体检结果显示有问题，我们该如何做出反应是正确的…………………………………… **31**

6 **利用群体智慧让自己变得更聪明**

本章内容会让读者意识到，面对某些问题，群体协作比最聪明的专家独自解决要更容易，以及如何利用群体智慧让自己变得更聪明……… **36**

7 **如何在买彩票时巧妙下注**

本章，读者可以学到诸多关于买彩票的知识，其中包括如何只用 5 个正确的下注号码和 1 个简单的系统就能保证自己中奖…………… **41**

8 **生日当天死亡风险很高?**

本章，作者介绍了各种各样的风险，并解释了为什么有些人会在生日当天死亡……………………………… **46**

9 **缩短等待时间**

本章，作者介绍的是人的感性知识，例如为什么你总是排错队，并给出建议，告诉你如何选择最快的队列……………………………… **51**

10 **困惑中寻得真相**

本章，作者告诉你如何摆脱困惑，逐渐走向未知的真相，以及如何将接近真相变成更接近真相…………………………………… **56**

11 反向思考

本章，作者解释了什么情况下单刀直入是无济于事的，
最好反其道而行之…………………………………………………… 61

12 巧妙化解冲突

本章，作者研究的主题是“冲突”，
解释了如何通过镜像模仿来化解冲突……………………………… 66

13 预测未来

本章，作者着眼于未来，用最少的信息对未来进行了严肃的预测，
并解释了理查德·高特（Richard Gott）知晓
柏林墙何时会倒塌的原因……………………………………………… 71

14 克服时差

本章，作者讲述自己的生物钟因乘飞机而发生变化，
并向我们描述如何快速倒时差………………………………………… 76

15 报税人的实用技巧

本章，作者讲述了德国审查纳税申报表的方式，
并指出要避免哪些规避税收的行为…………………………………… 81

16 别太在意朋友的人缘比自己好

本章，作者告诉你，如果朋友人缘比你好，比你有更多的朋友，
在这种情况下如何能让自己更潇洒地生活…………………………… 86

17 比轮流更好的办法

本章，作者解释了轮流做事并不公平的原因，
并建议了如何对其加以些许改变，使之对每个人都公平………… 91

18 将无知巧妙地转化为知识

本章，作者展示了无知有时候比知识渊博更有利，
以及如何避免误信半真半假的谎言…………………………… 96

19 出行有风险

本章，作者谈到出行的风险。他解释说，尽管最安全的出行方式
可能无法让你到达度假目的地，但次安全的方式也许可以………… 101

20 快速拯救生命

本章，作者告诉我们，你和你的宠物都有一种与生俱来的数学意识，
以及如何利用这种数学意识来拯救生命………………………… 106

21 培养指数级耐心

本章，作者告诉我们，急躁往往是解决问题的糟糕态度，
并指出，如何利用指数级耐心避免极端损害的产生……………… 111

22 成为更出色的实干家

本章，作者告诉我们从管理者身上可以学到什么，
以及如何针对自己的风险类型做出最佳决策…………………… 116

23 如果奇迹发生，请勿惊讶
本章，作者分析了极为罕见的事件，并告诉你，会有多少奇迹发生…… 121

24 经验法则
本章，作者指出，生活中很多情况都过于复杂，
因而无法快速而正确地做出判断，
这时候遵循经验法则会更有成效…… 126

25 合理取舍
本章，作者解释了电脑存储数据的方法，
以及我们从中可以学到的舍弃之法…… 131

26 井然有序
本章，作者解释说，整洁有序通常太耗精力和记忆力，
他向我们介绍了一种毫不费力的秩序法则…… 136

27 不要总是那么友善
本章，作者分析了我们在哪些情况下可以忠诚合作，
哪些情况下不可以，并指出如何可以做到最好…… 141

28 如何实现世界大同
本章，作者描述了人生的基本情况，
并告诉我们用什么策略在新旧事物之间进行选择…… 146

29 **拍卖技巧与策略**

本章，作者介绍了拍卖的不同类型，
以及在 eBay 网拍卖中最优策略是什么 …………………………… **151**

30 **用真相说谎**

本章，作者告诉我们，数据有时也会说谎，
并告诉我们如何辨别………………………………………………… **156**

31 **数学家的逻辑推论证明**

本章，作者从一位数学家的一生开始讲起，
并解释了他从逻辑学角度对“上帝”的推论………………………… **161**

致谢……………………………………………………………………… **167**

引言

与爱情和音乐一样，数学也有使人快乐的属性。数学也许是所有科学中最极端的，但是它却能让我们更轻松地生活，更有见地地思考。想象一下，如果这个世界没有数学会怎样呢？人类文明或许会倒退几千年吧！

数学不仅是一场惊心动魄的思维冒险，也是人类文明中源远流长的资源——即使无计可施时，它也可以提供帮助。只有数学参与其中，暖气才能加热，飞机才能飞行，桥梁才能承载。在第三个千年之初，我们无法否认这一强大工具所取得的令人惊叹的成就。

数学堪称科学领域的世界第八大奇迹。

它对世界上每一个重大课题都发挥着一定的作用，它还能帮助我们解决日常问题。有了它，我们就能做出最明智的决策，能在众多的选择中寻得最佳，能将可怕的诊断梳理清楚，也能找到折中的良策。

可以说，数学就是一个无所不能的世间万事的“伟大顾问”。本书会告诉你这么说一点儿不假。

- 本书会告诉你如何通过数学手段区分幸福和不幸福的婚姻。这样，你就可以改善甚至拯救自己的婚姻关系。

- 如果婚姻真的破裂，如何公平分配不可分割的物品，如房子、第二居所和珠宝？数学会告诉你可以运用公平公式！

- 如何聪明地购买彩票呢？你不仅要与随机对赌，还要与数百万据统计都有投注经验的其他彩票玩家对赌。

- 如果癌症检测呈阳性，即使检测结果 99% 可靠，为什么仍要保持冷静?

- 为什么报税作假不可取?

- 当许多罕见的巧合发生在你身上时，为什么不必感到惊讶？例如，当你正在想念母亲时，突然电话响了，竟是母亲打来的。

- 如何利用群体智慧让自己变得更聪明?

- 如何利用无知有针对性地创造知识?

- 如何利用概率计算未来?

……

本书将以通俗易懂的方式解答这些问题，并保证内容具有普遍可读性。书中没有数学方程式，只有可以在睡前轻松阅读的一篇篇小短文，当然，在周末醒来的清晨抑或忙里偷闲的时候也可以读上一读。

裂的问题还有时常出现的指责、情感上的隔阂和蔑视。

在 50% 分道扬镳的婚姻中，问题出在夫妻对婚姻走向结束没有任何预见。夫妻关系虽然几乎没有任何压力，但二人鲜有积极的共处。他们在互不关心中各过各的。这样的生活日复一日，而当孩子们离开家，夫妻俩再次回归二人世界的生活时，他们发现再也无法与对方重新开始了。

伴侣互换——发生在阿拉伯国家的事件

1978 年，在沙特阿拉伯的吉达发生了一起婚礼乌龙事件。在一次两对新人共同举行的婚礼上，老父亲把两个戴面纱的女儿交给了错误的丈夫。仪式上，这位疲惫不堪的老先生迷迷糊糊地把两位新郎听起来相似的名字搞混了。两对新人的婚姻在法律上是有效的。然而，这如果发生在法律严格的国家，可就是大麻烦了。但在仪式结束后的几天，四个主要当事人宣布他们不想离婚，因为他们现在的配偶甚至比他们最初打算嫁娶的配偶更让人满意。

还有一个问题：结婚到底值不值得？

绝对值得，不论男性，还是女性，都值得。已婚者往往更幸福，而且他们的寿命通常更长久。当然也有例外，比如匈奴国王阿提拉，他在与美丽的公主伊尔迪克的新婚之夜倒在了血泊中，当场死亡。看来，可怕的征服者作为丈夫，其寿命似乎没有比后来无声电影时代的“拉丁情人”更长久。

尽管如此，与单身男性相比，已婚男性的平均寿命会多 9 年，女性则多 6 年。

这是婚姻选择论的特殊性造成的吗？因为在婚姻市场中，似乎身体条件更优的人结婚的概率更大，他们会比不那么健康的竞争者更容易步入婚姻的殿堂。而健康的人又往往比不太健康的人活得更久，这或许解释了这种已婚男性与单身男性的寿命差异。

虽然这种说法听起来很有道理，但实际上并不正确！相反，不太健康的男性甚至更早结婚，他们的婚姻更少失败，分手后比健康男性更容易再婚。

因此，结婚是有好处的，据统计，即使不幸福的婚姻也会产生积极的附加效应——长寿。如果婚姻幸福，长寿效应则尤为明显。

婚姻有益于健康。已婚男性饮酒较少，吸烟更节制，工作时间稍长，更换工作的频率更低。婚姻也会影响体重，已婚人士的体重会增加。对女性来说，这种影响在结婚后尤为明显，对男性来说，则是在离婚后，体重增加更为明显。

婚姻幸福的原则是女人做主。丈夫们，请注意：你们婚姻的长短取决于妻子的幸福程度。妻子幸福，丈夫就会更幸福。因此，“Happy wife，happy life”（“老婆开心，生活舒心”）这句谚语是有统计学依据的。与此相符的还有，大多数离婚申请是由女性提交的，而不是她们的丈夫。

尽管婚姻具有积极的作用，但德国人的婚姻状况正在恶化。2015 年，德国仅有 40 万对新人结婚。这与战后 5 年内的德国就有 75 万对新人结婚比差太远了。那时，每千名居民中就有比现在多两倍的人步入婚姻的殿堂。

此外，人们结婚的年龄逐年推迟。目前，男性结婚的平均年龄为36.5岁，女性为33.3岁。顺便说一句，这种年龄差没什么不好，甚至更好：如果丈夫比妻子年长5岁，并且妻子比丈夫聪明，那么，在这种年龄差异和智力差异的相互作用下，婚姻长久的成功率最高。

那么，如果选择结婚，你想在婚礼仪式方面一掷千金吗？请一定三思，因为婚庆费用会影响你们婚姻的持续性。在德国，如果婚礼费用超过2万欧元，离婚率就会大大增加。婚庆费用越低，婚姻就越长久。但婚戒不应该过于简陋。如果婚戒是低于500欧元的便宜货，又会增加离婚的风险。

在众多宾客面前举行婚礼仪式可能会增加日后离婚时的尴尬感。因此，在众人面前举行婚礼仪式会从根本上降低离婚的风险。另外，婚纱的价格并不重要。婚纱价格无论高低，它都是一次性用品。因此，“Trash your dress”（毁掉婚纱）的最新趋势也就不足为奇了。在德国，庆典结束时，新娘会被浇上一桶桶五颜六色的颜料，或自己在泥浆中打滚，为婚礼庆典增添一张张令人难忘的照片。

虽然举行结婚仪式的人越来越少，但结婚仍然是一个大众工程。在8000万德国公民中，有1800万人是已婚状态。虽然孩子是维持婚姻生活强有力的纽带，而且孩子越多，婚姻可能越牢固，但是，现在的已婚人士中略超一半的人无子女。虽然孩子会破坏二人世界，但有了第一个孩子后，父母的离婚率就从50%降至30%。如果夫妻有3个孩子，离婚率则只有10%。孩子就是生命，生命之爱万岁！

2 获得完美结果的最佳途径

本章，作者讲述那些要求苛刻、万事追求最佳的完美主义者，以及二战中盟军胜利与交换圣诞礼物之间的关系

单身的乌特（Ute）今年32岁，如今想结束单身状态。她决定在40岁生日之前寻得一位生活伴侣。因为她既有魅力又聪明，因此吸引了很多男人前来求婚，平均每年一个。当然，她只能逐个试探这些对自己感兴趣的男人，然后决定选择还是放弃，也就是，要么决定在一起，要么就拒绝。被拒绝的追求者会再去寻觅他人。无论如何，这些人以后都不可能再成为备选对象。因为，乌特不可能等待8年，试过所有追求者后，选择了一个自己6年前就试过的对象。

乌特很挑剔，她希望找到最好的生活伴侣。但要怎么做呢？

把握时机最关键。如果她答应了第一批追求者中的一个，可能会后悔，因为她可能会错过后来对她更有吸引力的追求者。但如果她等得太久，可能会错过最好的白马王子，因为她仍然希望等到更好的那个王子出现，而这个希望可能无法实现。

在生活中，类似的情况和类似的抉择时有发生。例如，你想招聘一名实习生，每天你都会面试不同的申请者，并立即告诉他们面试结果。到底应该什么时候选定一个人呢？

还有房产经纪人的例子。他为一套公寓登了广告，并收到了一些购买意向。他必须考虑是否应该拒绝一个合适的报价，因为他想等待一个更好的报价。然而，可能不会再有更好的报价了。

所有这些问题都有一些共同点：无论伴侣、实习生，还是公寓，当我们身处市场，机会接踵而至时，我们有时必须立即做出决定。如果我们不抓住机会，机会就会被别人抢走。

我们应该怎么做？你会给想结婚的乌特什么建议呢？

这不仅是浪漫主义者要面对的问题，也是数学家要思考的问题。这是一个需要用心、用脑、用直觉去思考的难题。我们的直觉认为，乌特应该先了解这些男人，要有测试阶段。在这个阶段，对有意结婚的男人进行评估，例如根据理想型所占的百分比进行评估。

只测试，不接受任何求婚。然而，测试阶段终究会结束。然后，乌特会选择第一个对自己感兴趣的人，她对这个人的评价比测试阶段所有追求者都要好。

做决策的首要原则是：

不做选择与没有选择一样糟糕！

——海因里希·斯塔斯（Heinrich Stasse）

如果乌特采用这种方式，她还要确定测试阶段的时长。数学在这方面就可以大显身手了。它给出了一个伟大的 0.37 法则：将做抉择的预期时间（乌特的情况是 8 年）乘以 0.37，得出的结果是 3 年。这就是乌特的追求者测试阶段应持续的时间。

如果在这个阶段之后没有更好的求婚者，乌特的未来就不妙了，她设定的 40 岁期限不得不延长。尽管如此，这种策略仍然是最有效的。这一点可以用数学来证明：乌特用这种策略可以获得最大的机会，觅得最好的追求者，概率为37%。这听起来不是很多，但没有比这更好的策略了。

相比之下，如果乌特随机选择，她只有13%的机会，因为她可能会期望在计划时间内遇到8个追求者。如果乌特将测试阶段设置得更长或更短，结果也不会太好。她成功的概率或许会介于13%和37%这个最佳值之间。

另外，0.37法则不仅在时间段固定的情况下有效。即使事先知道将有多少机会，这个法则也是最有效的。

让我们切换一下场景。400年前，天文学家约翰尼斯·开普勒（Johannes Kepler）生活在世。他是一个充满激情但也非常理性的人。我们要感谢他提出了行星运动的数学定律。1611年，开普勒第一任妻子去世，他花了两年时间从11位“候选人”中挑选出1位最适合再婚的女性。据说，她有一些优秀品质，也很漂亮。

别样美

2014年，记者埃斯特·霍尼格(Esther Honig)向25个国家的修图大师发送了一张自己的照片，并请求：“让我变美！”她的肖像照非常自然：没有化妆，没戴珠宝，没有花哨的装饰。

有些修图结果与原图差异很大：摩洛哥的修图师给她戴上了头巾；希腊的修图师给她涂上了紫色眼影。在印度，她的照片成了一幅油画；而在美国，她在照片中拥有了一头长发。

这些结果表明：审美观是不同的。它们会因文化而异，也会受到历史波动的影响。400年前，人们在选择伴侣时最看重的优

点是健康和肤白。在开普勒的时代，肤色白皙的健康女性被认为是极具吸引力的。

开普勒逐一考察了这些待选女性。如果他拒绝 1 个有意与自己结婚的女人，就不可能再次联系，在拒绝了 4 个女人之后，开普勒娶了第 5 个女人——苏珊娜·罗伊廷格（Susanna Reuttinger）。他本能地遵循了 0.37 法则，因为 0.37 乘以 11 约等于 4。他的方法很成功。这段婚姻很幸福，夫妻俩共育有 7 个孩子。

问题是，0.37 这个数字从何而来？难不成从天而降吗？

非也。这个数字与历史上最伟大的数学家之一莱昂哈德·欧拉（Leonhard Euler）有很大关系。

欧拉生于 1707 年，1783 年去世，曾在巴塞尔、柏林和圣彼得堡生活，是一位极具创造力和成就非凡的人。欧拉一生发表了 800 多篇论文，写了 20 多本书。此外，他还有 3000 封信件留存下来，也有很多其他信件被认为已经丢失。欧拉的能量可以驱动整个发电站运转起来。

欧拉生了 13 个孩子。孩子们在他身边嬉戏玩耍或者在房间里演奏音乐，而一只猫坐在他的肩膀上，这种状态下他的工作效率是最高的。

数字 0.37 是著名的欧拉数的四舍五入的倒数，欧拉数用字母 e 表示，e=2.718…，其倒数是 1 除以 e，四舍五入成小数点后两位数为 0.37。极其广泛的数学领域中就有了欧拉数。

以一副普通的 52 张扑克牌为例，在经过充分洗牌后，至少有 1 张牌在牌组中的位置不发生变化的概率是 e 的倒数。

再举一个圣诞节交换礼物的例子。西方圣诞节时每个人都会带一份礼物去参加大型派对。之后，所有派对来宾随机抽取这些礼物。至少有一个来宾会抽中自己的礼物，也就是把礼物送给了自己，这种可能性有多大？答案也是 $1/e$。

这一事实具有深远意义：它决定了第二次世界大战的胜负。没开玩笑！原因在于：战争期间，德国国防军使用了传说中的恩尼格玛密码机在国防军各部门之间进行秘密通信。通过它，所有文本中的字母以每天都在变化的方式被调换。当一个字母键被按下后，电流就会流过几条线路，先向前，然后返回，这样，字母就被加密了。由于电流不能同时在同一条电缆上来回流动，所以字母从不通过自身加密，也就是说，恩尼格玛密码机在打乱字母时不允许自我加密。

这种不可能性大大削弱了安全性：它使所有可能的代码中 $1/e$ 比例，即 37% 变得无用。这一巨大的局限性帮助英国数学家艾伦 · 图灵（Alan Turing）破解了恩尼格玛密码。因此，从某个时间点开始，盟军就获悉了纳粹德国的所有作战计划。根据他们的总司令，美国将军和后来的美国总统德怀特 · D. 艾森豪威尔的说法，第二次世界大战就是这样由一位数学家定夺结局的。

3 憧憬结局更美好的战争

本章，作者介绍了一个建立公平的公式，并指出，如何用该公式避免玫瑰之战中夫妻的离婚冲动

在西方国家，有一半的婚姻都以离婚告终。在德国，每年有超过 25 万对夫妻离婚。每一次离婚都要进行财产、孩子抚养权等分割，而分割过程并不总是友好和谐的。恰恰相反，有时，一时的离婚冲动会升级并以激烈的玫瑰之战结束。这只会让双方的感情走向破裂。

避免离婚注意事项

统计数据证明：如果伴侣双方的名字以相同的字母开头，他们婚姻失败的概率就会较低。

关于分割纠纷，《圣经》中就有一个著名的例子。所罗门王不得不解决两个女人之间的恩怨。两人都声称自己是一个婴儿的母亲。他的判决极具所罗门王特性，充满智慧。他拿起一把剑打算把孩子从中间劈开，给两个女人一人一半。其中一个女人恳求他不要这样做，最终他把孩子交给这个女人，因为显然她是孩子的母亲。这真是一个明智而正确的决定。如此明智的决策者很难得。

在两个女人之间分配婴儿相对容易。但是，如何分割一对即将离婚的敌对夫妇的全部财产呢?

就拿唐纳德·特朗普来说吧。1991年，他离总统的位置还差十万八千里，正身陷离婚大战的泥潭中，与他开战的是他当时的妻子伊万娜。这场纠纷包括位于康涅狄格州的家族庄园、佛罗里达州的马拉戈度假村、纽约的一套公寓、特朗普大厦的几层楼，外加6000万美元的现金。

大概因为没什么进展，因此必须找到一种公平的办法。也许他们可以试试世界上最古老的分配策略，它是如此简单，甚至谈不上是一种策略:“我分配，你选择。”

分配和选择虽然简单，看似公平，但分配者很容易在这个过程中捣鬼。这样一来，选择者就显得很错愕，因为他面对的是分割好的两个部分，而这两个部分的分割并不是按照自己的心意进行的。

分配需要学习

在一项实验中，孩子们被要求与另一个孩子分享一块牛肉。他们被告知，牛肉分好之后，他们可以先选。另外，如果另一个孩子对自己的那块不满意，他们选择的那一块会被拿走。只有少数几个5岁的孩子能公平地分配。他们中的大多数人都故意为自己割下更大的一块。

大约20年前，政治学家史蒂芬·布拉姆斯（Steven Brams）和数学家艾伦·泰勒（Alan Taylor）共同开发了一种更为公平的分配方法，整个过程只需稍微进行心算即可。他们使用了一种记分系统：创建列表，分配分数，形成两个总和，并解出一个简单的方程式。完成！比 5 分钟速溶汤还快。

具体来说，选择分配物的双方各有 100 分。他们可以根据自己的喜好，随意将这些分数分配给有争讼价值的物品。如果他们认为某个物品很重要，就会给它加很多分，以便不惜一切代价得到它。如果觉得不重要，就只给它少量分数。分配好分数之后，会进行第一次分配：每个人都会得到评分比对方高的东西。

然后，每个人都获得物品对应的一定分数。在下一步中，分数总和较小的一方获得双方评分相同的物品。如果现在两人分数相同，分配则完成。否则，还需进行调整。

目前得分最高的人必须让出一些东西，让出那些两人评分接近甚至相等的物品。两个分数的商是 1 或最接近 1。现在，从这些物品中让出来的那部分恰好可以平衡双方的得分。

在我们的例子中，假设唐纳德和伊万娜分别对家族庄园、度假村、公寓、特朗普大厦和现金这五项财产进行评分，特朗普的评分分别为 10、35、20、15 和 20；按照同样的顺序，伊万娜的评分分别为 35、10、25、10 和 20。

度假村对唐纳德来说最重要；家族庄园对伊万娜来说最重要，而对于唐纳德来说价值最低；在现金方面，两人的评分一致，大致处于中间位置。

现在进行第一次分配。伊万娜将获得家族庄园和公寓，因为她对这两项财产的评分比唐纳德高。唐纳德将得到度假村和特朗普大厦。伊万娜获得 35+25=60 分；唐纳德获得 35+15=50 分。

唐纳德落后 10 分。因此，他暂时获得最后一项财产：全部现金。

加上这额外的20分，他的分数增加到70分，已经超过了伊万娜的60分。现在所有的财产暂时分配完毕。之所以说暂时，是因为分数只是大致平衡。

为了达到完全平衡，还需要进行微调。唐纳德的财产中，与伊万娜评分相似甚至相同的是现金。如果从总现金中转移一部分（比例为x）给伊万娜，那么，唐纳德还剩下$70-20x$的分数。伊万娜的分数则会因为这部分现金增加到$60+20x$。很快就可以发现，$x=1/4$是合适的，可以在总分数为65时实现平分。因此，唐纳德需要将6000万美元现金的1/4转让给伊万娜。除了庄园和公寓外，她将获得1500万美元。其余部分归唐纳德所有。

这种通过计算进行分配的方法非常有趣，因为得出的结果与离婚协议的内容几乎完全一致。不过，他们当时并没有使用上述方法，因为那时候这种方法还没有被发明出来。我们虚构的但看起来很合理的评分法竟然是唐纳德和伊万娜实际进行财产分割所用的方法。

该方法优点颇多。首先它确保了公平性：每个人都认为自己在个人得分表上获得了一半以上的分数，最高分数甚至达到65分。两人情况一致！另外，通常每个人都感觉自己获得了大约2/3的争讼价值，因此，没有输家——该方法产生了“双赢”的分配方案。

第二，这种分配方法不会让人产生嫉妒反应，即分配的结果不会遭到另一方嫉妒。因为如果将各自的物品总量进行交换，他们得分表的分数情况并不会因此而得到改善。

第三，这种分配方法是无与伦比的：没有任何方法能使唐纳德获得更多，同时又不会使伊万娜分配所得的情况更糟。反之亦然。

第四，科学家称这种分割为最小分割分数，即分割对象绝不超过一个。

如果最后一个物品无法分割，那么最终必须由争讼者共同分享。例如，其中一人被判享有 1 个月的使用权，而另一人则获得一年中其余 11 个月的使用权；或者将该物品出售，再按计算结果分割收益。

凭借这些特性，双赢法在该领域独树一帜。数学可以证明，在分配问题方面，它是唯一的公平、无嫉妒、不可超越的最小分数解决方案。值得钦佩！

还有一点必须强调，人们看待事物总是以个人角度为出发点，因此，双赢分配法不是绝对的、客观的公正，而是一种更有意义的、让双方主观上认为公正的方法。双赢法为双方创造了公正的双赢局面。

简而言之，双赢法是真正的万能法。历史上，这种方法曾被应用于国际谈判，也曾被用来划分领土和确定辩论形式。它也非常适合用于雇主和雇员之间的薪资谈判，其应用范围非常广泛。就其本质而言，它在任何情况下都会使双方满意。现在，它甚至已经获得了专利。

总的来说，它是世界上所有纷争的数学解决方法，数学为世界和平做出了巨大贡献。

4 无嫉妒的均衡负担

本章，作者解释了公平并不总是等同于无嫉妒，并且介绍了无嫉妒分摊繁重职责的方法

卡萝决定召集家庭成员开会。一直以来，大部分家务都由她来完成，这让她心情很烦躁。例如：买面包、吃饭要把饭菜端上桌、吃完要收拾桌子、洗碗，等等，这些家务都得她来做，而丈夫阿恩和儿子伯特很少帮忙。至少卡萝是这么认为的。而这正是现在要改变的事情。因此，今天要召开家庭会议。

孩子出生前，卡萝和阿恩觉得分担家务并非难事。他们列了一个清单。如果一人将所有的家务分为两部分，另一人则可以在这两部分中优先选择。分配和选择促使他们达成了公平合作。

一项研究表明，家庭中的公平合作是婚姻成功的三大要素之一，位列忠贞与和谐性生活之后。

合作失败

我想擦玻璃。为了能够到外面的窗户，我在窗台上放了一块熨衣板。比我重的丈夫坐在熨衣板朝向屋子的那一侧，我站在熨衣板的另一侧在外面擦窗户。突然，门铃响了。丈夫起身下楼开门时，发现我躺在门前。

我们至今都不知道是谁按的门铃。

——《明镜》周刊

在两个人之间进行分配和选择很简单。但是，如果儿子也参与进来呢？可以让一个人将有待完成的任务分为繁重程度相等的三份，另外两个人进行选择。如果两个人选择同一套任务呢？让他们抽签抉择的话，手气好的人也许会令对方羡慕不已。

公平比无嫉妒更容易建构。公平意味着每个人都认为别人分配所得的任务至少和自己的任务一样，让人不快。无嫉妒是指无人嫉妒他人的分配所得，没人会想与他人交换任务。

分配的数学理论始于二战期间思考公平问题的胡果·斯坦因豪斯（Hugo Steinhaus）。1943年，他提出了斯坦因豪斯定理（Steinhaus-Protokoll），该定理可将参与分配和选择的人数扩展到三人。

让我们用斯坦因豪斯的理论分配一块蛋糕。有人喜欢馅料，有人喜欢面皮，还有一人更在意奶油层。因此，针对两块同样大小的蛋糕可能会产生不同的价值判断，这取决于如何评价边缘、面皮、馅料、装饰和奶油层。

根据斯坦因豪斯定理，针对三人的分配共有五个步骤：阿恩将蛋糕切成对他来说大小相等的三块。如果伯特觉得至少有两块是一样大的，则不做处理。否则，他会指定两块蛋糕“切割不均”。

如果伯特没有对分割的蛋糕进行再切割，那么卡萝、伯特、阿恩就依次选择自己的蛋糕。卡萝很满意，因为她是第一个选蛋糕的人。伯特也很满意，因为他认为至少有两块是公平的，在卡萝选择之后，至少还留有一块可以选。阿恩也很满意，因为他主观认为切割的每一块都是同等大小的。

如果伯特认为有两块切割不均，卡萝可以同伯特一样，不做再切处理或者也宣布两块蛋糕“切割不均”。如果卡萝不做再切处理，那么，伯特、卡萝、阿恩依次选择各自的蛋糕。

同样，大家都很满意。

如果伯特和卡萝觉得蛋糕切割不均，阿恩就得在伯特和卡萝认为切割不均的两块中选择一块，然后退出。不过，他对自己的选择很满意。然而，对伯特和卡萝来说，阿恩拿走的那块价值甚微。所以，对他们来说，剩余蛋糕的价值远超 2/3。

在阿恩退出之后，伯特和卡萝在剩下的两块蛋糕中进行选择。整个过程应用的是分配和选择之法。这样，伯特和卡萝也对结果感到满意。

数学不及格

最好切 6 块，因为我吃不了 8 块。

——棒球运动员丹·奥辛斯基（Dan Osinski）“关于把比萨分成 6 块还是 8 块的问题”

卡萝、阿恩和伯特想把斯坦因豪斯定理应用到家务分配上，这些家务包括做饭、倒垃圾、购物、打扫厨房、洗衣服、整理房间。假设我们的几位主人公对这些任务有自己的烦扰值，值越高，越烦扰。按照上述家务排列顺序，卡萝设定的数值为 25、5、20、10、15、15；伯特设定的数值为 30、5、30、10、10、10；阿恩设定的数值为 25、10、15、15、15、20。这些数值的罗列只是为了让你我能够理解这个过程。阿恩、伯特和卡萝可以在没有这些数值的情况下操作整个分配过程。

接下来，卡萝将家务分成对自己来说等值的三组：做饭、倒垃圾是第一组；购物、打扫厨房是第二组；洗衣服、整理房间是第三组。

伯特认为第一和第二组不合理，阿恩认为第一和第三组不合理。所以，卡萝不得不选择第一组，因为丈夫和儿子都认为这一组不合理。最终，卡萝负责做饭和处理垃圾。

阿恩和伯特在剩余的家务中进行选择。伯特的选择是通过抽签决定的。他将打扫厨房从第二组移到第三组家务中，从而使两组家务的烦扰值变得对自己来说相等。阿恩选择了对他来说没那么麻烦的第二组家务，即购物。伯特得到了第三组家务：打扫厨房、洗衣服、整理房间。这种分配很公平，但并非无嫉妒。卡萝羡慕丈夫，愿意和他交换。从烦扰值中就可以看出这一点。

斯坦因豪斯定理创造了公平的分配，但它并不能保证一定会得出无嫉妒的分配结果。

无嫉妒分配模式要复杂得多。直到 2015 年，哈里斯・阿齐兹（Haris Aziz）和西蒙・麦肯齐（Simon MacKenzie）才找到一种适用于任何人数的分配方案。现在，我们用该方法试一下三个人分一块蛋糕。

阿恩把蛋糕切成主观认为同样大小的三块。伯特和卡萝各自选择他们中意的那一块。如果这两块有所不同，两人就各自选择自己喜欢的。剩下的那块归阿恩所有。每个人对分配结果都很满意。

如果伯特和卡萝看中了同一块蛋糕，情况就会变得很棘手。这种情况下，卡萝从她喜欢的那块蛋糕上切下一点儿，使其与她第二喜欢的那块等值。切下的那一小块被放在一边，现在，三人按照伯特、卡萝、阿恩的顺序进行选择。

如果伯特不接受经过二次切割的那块，那么卡萝就必须选择这块。到这一步为止，分配是无嫉妒的。对伯特来说，因为他先选，所以对结果满意。对卡萝来说，因为自己第二喜欢的蛋糕与自己切割调整过的那块等值，所以对结果也是满意的。而阿恩主观上也是满意的，因为蛋糕是自己切的。

卡萝和阿恩互换角色，以便继续执行分配方案。为了分割剩下的一小块，卡萝将其切成三等份。现在，伯特、阿恩、卡萝依次选择一小块。第二次分割也是无嫉妒的：对伯特来说，因为自己最先选择，所以对分配所得满意；对阿恩来说，因为他可以在卡萝之前选择，所以也是满意的。

剩下的一块是卡萝切割的，所以卡萝对分配所得无嫉妒。分配方案的执行到此完结。

如果将阿齐兹和麦肯齐的这种流程应用于分配家务，那么，卡萝要做饭和倒垃圾，阿恩要购物和打扫厨房，伯特则整理房间和洗衣服。这种分配是公平的，因为每个人在自己的积分清单上的烦扰值都不超过 30 分。另外，这种分配是无嫉妒的，没有人羡慕别人的任务。

如果参与分配人数超过三人，这个流程就会变得非常复杂。因此，为了避免分到天荒地老也无法结束，有时你只能暂且对“公平”表示满意。这里有一个针对四人的公平流程，该分配方式还可以扩展到更多人。

让我们拿磅蛋糕试一下：四人分别在左端自认为是 1/4 的位置做标记。这意味着每个人都认为，从末端到自己标记处的那块都具有蛋糕 1/4 的价值。接下来，在最左边的标记和旁边的标记之间切下第一块蛋糕。

在最左边做标记的那个人获得这块蛋糕。这块最边上的蛋糕于他而言是公平的。这个人之所以满意，是因为他主观上认为自己至少得到了 1/4 的蛋糕。所有其他人也都很满意，因为在他们看来，获得第一块蛋糕的那个人拿走的蛋糕不足 1/4。然后重复同样的过程，现在是三个人而不是四个人分割蛋糕，然后是两个人而不是三个人分割蛋糕。蛋糕就这样被分割完毕。

5 如果体检结果显示有问题，请保持镇定

从火灾警报、乳房 X 线检查到癌症筛查，大多数警报都是误报，本章告诉我们，如果体检结果显示有问题，我们该如何做出反应是正确的

一位患有偏头痛的女性接受了各种专家的检查：牙医将其归因于汞合金的假牙，建议拔除；妇科医生认为这种疼痛是由激素引起的，因此想切除整个子宫；耳鼻喉科医生认为与鼻窦炎有关，想对上颌窦进行手术；骨科医生认为原因来自颈椎；风湿病医生则认为是由受风引起的；营养学家认为富含酪胺的食物才是罪魁祸首。以上这些是一项研究得出的结果。

一位学医的人曾经跟我说，治疗不是一门精密科学，诊断同样如此。健康和患病之间存在灰色地带，体检也并非完全不出错。

让我们来看看女性乳腺检查——乳房 X 线检查。如果一名女性患有乳腺癌，那么如果进行 100 次乳房 X 线检查，其中会有 90 次显示有问题。不幸的是，在 100 名未患乳腺癌的女性中，有 7 人的检查结果也显示有问题，这 7% 的比例就是“误判率”。所有医学检查都存在误判率，比例高低不同。早孕检测和乳房 X 线检查的误判率差不多，而在艾滋病检测中误判率通常只有 0.5%。

乳腺癌是 50 岁左右女性中最常见的“杀手”之一。这个年龄段的女性患乳腺癌的概率为 0.8%，即每 1000 名女性中有 8 人患该病。

现在，需要注意的是，如果你的乳房 X 线检查结果显示有问题，不要惊慌失措。为什么这么说呢？

答案会令你感到惊讶的——你真正患有乳腺癌的概率绝非 90%，尽管前面刚刚提到如果患有乳腺癌，90% 的检查结果是正确的。

其实，这种概率要小得多。我这样来解释吧：假设你 50 岁（这段文字也为我 50 岁的妻子而写），想象一下，有 1000 名 50 岁的女性，其中有 8 人患有乳腺癌，992 人健康。这 8 名患病女性中的 90%，即 7 人，其乳房 X 线检查结果显示有问题。然而，另外 992 名健康女性的 7%，即 70 人，乳房 X 线检查也会显示有问题。也就是说，这些健康女性的乳房 X 线检查出了错。总的来看，在这 1000 名女性中，有 77（7+70）人检查结果显示有问题。而实际上，77 人中只有 7 人患病：乳房 X 线检查出有问题的女性，每 11 个人中只有 1 人患乳腺癌。

所以，暂时没有理由过分担心。务必要做的是，弄清楚情况到底如何。2016 年，柏林的一名女性在乳房 X 线检查结果显示其确诊后自杀。然而，尸检结果显示，她根本未患癌症。过去，很多人也因为艾滋病检测结果呈阳性而自杀。

错误会引发致命的后果，因此医学界力求对错误零容忍，司法亦然。然而，不管是哪一个领域，零错误都是乌托邦式的追求。医学上的误诊和司法上的误判会发生在我们身边。比如，一位患糖尿病的女性被截错腿，当错误被发现时，另一条腿也不得不被截掉。

还有一个男人，因谋杀罪而被监禁 35 年。事实证明，他是无辜的，因为基因分析显示真正的凶手另有其人。无辜的男人出狱后不久便自杀了，因为他再也无法适应外面的自由。这真可谓司法的失败。

有时，误诊也没那么糟糕，反而很好笑。有位 99 岁的奥地利女人，尿检后被告知怀孕了。老太太笑着将这个消息告知女儿。这件事演变成一条有趣的新闻，在德国传遍大街小巷。

成功的悖论

随着医学的日益成功，（尚）存活者的平均健康状况不仅没有得到改善，而且逐渐恶化，原因很简单，有人虽然已经死去，但还和尚生存的患者一起被计入发病率统计数据中。居民健康状况最佳以及对医疗行业抱怨最少的是那些对病人不进行任何治疗，任其自生自灭的地方。

——《德国星期日汇报》（1988）

错误也能带来进步。如果大自然找到始终无差错复制遗传物质的方法，那么，我们现在可能仍然是原生汤中的单细胞生物。没有错误就没有变异，没有变异就没有进化，没有进化就没有人类的发展。

以亚历山大·弗莱明（Alexander Fleming）为例。他在培养皿中培养了细菌样本，然后，就去度假了。度假归来的他惊讶地发现，一块霉菌抑制了样本细菌的生长。他正准备把被“污染”的培养皿扔进垃圾桶时发现了奇怪的事情：霉菌附近的细菌不见了，一种由真菌分泌的物质杀死了它们。弗莱明对这种物质进行了研究，发现它可以用来对抗细菌。由于这种物质产生于被称为青霉菌的霉团，弗莱明将其命名为青霉素。青霉素这种抗生素从此在全世界迅速得到广泛使用。它使人的寿命延长了 10 年，我自己也曾多次受益于它。

我们再说说关于医学检查的问题。针对疾病的第一种诊断性测试是搜索测试，目的是找到所有患病者。在此过程中，不可避免地会将一些健康的人作为患病者一并列入目标群体中。就像机场的缉毒犬几乎能嗅出每个装有毒品的行李箱，但有时被嗅出的行李箱也可能并无任何违禁之物。

误诊

一战时，阿瑟·伍德想参军。在体检时，军医诊断出他有严重的心脏病，并告诉他所剩时日不多。在后来的二战中，他又跃跃欲试，想要参军。在体检时医生还是因为伍德的心脏问题而挥手让他离开，并告诉他只有几年的存活时间。21 世纪初，阿瑟·伍德去世，享年 105 岁。

我们看到：乳房 X 线检查会出现很多误诊结果。一次检查结果只表明很低的乳腺癌患病可能性，那么，我们当然要问，乳房 X 线检查的意义何在。答案是，所有乳房 X 线检查结果为正常的女性几乎可以确定自己没有患癌症。

让我们用数字来验证一下。这次以具有代表性的 1 万名 50 岁女性为检验对象。她们当中有 80 名癌症患者和 9920 名健康者。健康者中的 93%，即 9226 人检查结果正常，另有 8 名癌症患者检查结果也是正常的。也就是说，在所有 9234 名结果为正常的女性中，实际上，只有 8 人患有癌症，不到千分之一。

因此，如果体检结果正常几乎可以说明一切正常。然而，如果结果显示不正常，这意味着，必须进行第二次更仔细的乳腺检查。原则上，所有检测程序都是如此。没有一种检测的结果是百分之百确定的。“剩余不确定性”始终存在。而且，这种检测针对的往往都不是常见的情况，如癌症、糖尿病或结核病。

这里所说的“检测”需要从广义上理解。火灾警报也是一种检测，检测附近是否发生火灾。这些设备虽然具有高度的可靠性，无论是否发生火灾，都很少出错，然而，真正发生火灾的概率比警报出错的概率还低。因此，火灾警报器也经常出现误报的情况。

这印证了我自己曾经历的事情。大学期间，我所在的学生宿舍平均每个月都会报一次火警，消防队总来。然而，这里从未发生过任何火灾，消防队经常白跑一趟。

结论：如果体检结果显示有问题，不要着急惊慌。请记住，一定要再做一次检查以确认诊断结果。要征求第二诊疗意见。切记：大多数警报都是误报。

6 利用群体智慧让自己变得更聪明

本章内容会让读者意识到，面对某些问题，群体协作比最聪明的专家独自解决要更容易，以及如何利用群体智慧让自己变得更聪明

100年前，英国统计学家弗朗西斯·高尔顿（Francis Galton）参加了一个民间节日活动。活动的精彩环节是对一头牛的重量进行估算，估算结果最接近实际重量的人会获得奖励。近1000人参与了该活动，他们当中有农民、屠夫，还有牛业专家。所有估算结果的平均值比任何单个人的猜测都更接近于牛的重量，即使是牛业专家也无法做到这么准确的估测。

这就是群体智慧。群体协作可以比最优秀的专家做得更好。

换个例子：50多年前，美国一艘潜艇沉没，奋力搜索之后，并无所获，因为搜索海域实在太大了。在人们几乎要放弃的时候，一位军官想到了一个奇特的办法。他将所有信息提供给一个专家小组。小组中的每个人都要根据这些信息估测出潜艇所在位置。军官根据所有估测值计算出平均值，最终得出：潜艇距离平均值对应的地点只有200米。没有一个人的估测比平均值对应的位置更准确。

群体智慧对我们的日常生活也有所帮助。早在10年前，1/3的交通拥堵报告在广播首次播报时就已成为过去时，因为交通拥堵情况已解除，这在当时可以说是一个经验定律。今天，某一时刻的交通状况是通过大量的手机定位数据确定的。这些数据被立即评估分析并转发给广播电台。这样，交通拥堵情况会得到及时报告并快速找到解决方案。

还有一个俄勒冈实验的例子，实验的主角是马踏人踩的“俄勒冈小道”。在过去，人们往往依靠徒步或马车，于是形成了这样的小道，这就是道路优化。20 世纪 60 年代，人们对俄勒冈大学的校园进行了重新设计。建筑师拆除了楼宇之间的所有道路，在这些地方种上草，将这里变成一片绿草地。几个月后，学生们在这里走出了一条条小道。可以说，他们用双脚对哪里应该形成道路进行了表决，这些小路最终被铺上了沥青，变成了柏油路。学生们集体决定了他们想要的道路。建筑师铺上沥青后，避免了其他小道的形成。

一个群体要想充分发挥智慧，就必须是成员多样化的集体，当然，群体中的成员要具有独立性，这一点也很重要。研究表明，如果个体成员知道了群体中其他人的想法，群体智力就会有所下降。这会导致产生单轨群体思维。

智慧之睡

在日本，有些公司老板有时会在会议上假装瞌睡打盹，这样，员工们就敢于畅所欲言了。因为在日本有着严格的等级制度，老板的出席意义重大，却也使许多参会者感到气氛沉重而不敢出声。

老板们试图通过假装打瞌睡鼓励每个人畅所欲言，群体智慧因此而得以所用。但要注意：德国人开会请不要打瞌睡。

群智研究者德克·赫尔宾（Dirk Helbing）的一项实验显示了群体思维的缺点：100 多名学生被要求对瑞士人口密度进行估算，同时学生们还需要说明他们对自己的估算有多大把握，教授对此进行了几轮的问询调查。第一轮问询结束后，学生们获得了关于群体平均值的信息；第二轮结束后他们进一步得知了群体成员的每一个估算值。

结果显示，学生们第一个答案的平均值最接近准确值。他们的群智是最高的，群体估算值的平均值是最接近事实的。学生们对其他人了解得越多，他们的行为方式就越相似，估算值进而也就越接近，虽然他们对自己估算值的信心得到了相同程度的增加，但他们的群智却下降了。

更加智慧的多元文化主义

研究表明，多文化团队做事效率更高。心理学家戴维·罗克(David Rock) 研究了几百家公司。他发现，那些文化多样性较强的企业拥有更多的客户，并获得更大的利润。从统计学上看，在获得诺贝尔奖的研究人员中，由来自不同文化背景的两到三名研究人员组成的团队尤为普遍。文化越多元，群体思维就越少，群体智商就越高。三个研究者就是一个群体，拥有群体智商。

请记住：“人群”是被低估的天才，有时甚至比他们中最聪明的人还聪明。

令人惊讶的是，亚里士多德早已提到群体智慧的概念。他在《政治学》一书中写道：“决定权应该在多数人手中，而不是在少数佼佼者手中，这似乎是经得起推敲的，甚至可能是真的。”确实如此！

你也可以利用群智让自己变得更聪明。比如，你参加了一个旅行团，正在旅行。你现在想要知道，大家即将游览的城镇有多少居民。与其靠自己估测，不如询问旅行团成员的估算，然后算出平均值。因为，这一平均值很可能比你自己的估测更接近事实。

即使针对“是/否”问题，也存在群体智慧，但必须巧妙生成。以如下问题为例：

悉尼是澳大利亚的首都吗，是或否？

绝大多数人回答“是”。只有少数人知道正确答案是“否”，而且还知道澳大利亚首都是堪培拉，因为他们通常还掌握专业知识。

如果以普通方式应用群体原理，这些少数人就不会有机会展示自己，因为他们会受到大多数人的影响，而这些“大多数人”是错误的。不过，有一个巧妙的办法可以帮助少数知情者给出的答案突破重围，占据上风。除了“是”或“否”这种多选择题外，要求每个参与者预测所有受访者中选择和自己答案一样的比例有多高。于是，一个富有成效的反馈环就生成了。

然后，群体的决定被视为获得票数大于平均预测票数的答案，即“意外流行”的答案。这就是德拉赞·普拉雷克（Drazen Prelec）的意外流行算法。

为什么这种方法行之有效？

对于一个90%的受访者都能回答正确的简单问题，他们也会认为其他绝大多数人都是知道答案的。因此，他们会给出一个相当高的比例值作为预测问题的答案，通常是80%左右。

其余10%的人的回答可能是错的，但他们会预测，所有人当中远远超过 10% 的人给出了与自己相同的答案。也就是说，对于这个错误的回答，给出的比例值会落后于估计的比例值；回答正确的情况下，则相反。

如果大多数人（假设 70%）对问题的回答都是错误的，情况就不同了，此时，只有一小部分专家知道正确答案并且对自己的答案十分笃信。制造了“错误的多数意见”的受访者往往会给出相当高的预测值，一般在 70% 左右。

然而，专家们对自己“少数意见”的预测值会很低，甚至比实际比例值还低。专家们知道，要想回答正确，就需要专门的知识，而这些知识只有少数人具备。因此，少数意见的支持率就会“出奇的高”。支持少数意见的那些人都是对的。

这种奇妙的方法被称为明希豪森（Münchhausen）策略。该策略使一小群具备鲜为人知的专业知识的专家能够从错误的多数意见的泥潭中跳脱出来。

提醒：遗憾的是，这种方法并非万能。尽管有各种各样的群体智慧，但是针对生命意义这一问题，我们仍然要从传统角度考虑，自己做抉择。对于其他许多问题，我建议大家花点儿时间去研究群体智慧。

7 如何在买彩票时巧妙下注

本章，读者可以学到诸多关于买彩票的知识，其中包括如何只用 5 个正确的下注号码和 1 个简单的系统就能保证自己中奖

对迪特来说，1999 年 4 月 10 日这一天一点儿也不无聊。对他来说，这一天是难得的幸运日。不过，话说回来，对迪特来说，这一天也是走霉运的日子。幸运是虚，霉运是真。那在这个跌宕起伏的日子里到底发生了什么？

最平淡无奇的日子

一位英国程序员向计算机输入了 3 亿条关于 20 世纪世界某地媒体上的人物、地点和事件的数据。之后，计算机就可以用来评估早期事件对后期事件的影响，以及回答各种问题。当被问及 20 世纪最乏味的一天时，它的答复是 1954 年 4 月 11 日。对于这个星期天，计算机的数据库只记录了 3 件事：一名足球运动员去世，一个地区大选，以及后来成为教授的阿卜杜拉·阿塔拉尔（Abdullah Atalar）出生。这一天是我的普通假日。在这个疯狂的、大事超载的时代，我们可以利用更多这样乏味的日子，无论身处何地都能有休闲放松的感觉。当然，对于阿卜杜拉·阿塔拉

尔来说，这一天无论如何也不是最乏味的。

现在我们说说迪特买彩票的事。1999 年 4 月 10 日这一天，他的彩票号码 2、3、4、5、6、26（当时的中奖规则是 49 选 6——出版者注）被抽中，中了头奖，他第一次如此幸运。但霉运也接踵而来。和他一样中头奖的多达 4 万人。与人分享，快乐加倍？在彩票界，可不是这样！因为中奖人数太多，迪特的奖金只有 379 马克（德国当时的货币，2002 年 7 月 1 日以后改为欧元——出版者注）。有人想避开前 6 个数字这样的投注顺序，但又没有完全避开，对于他们来说，这是一次赔钱的投注。

准确来说，一共存在 13983816 种可能的投注顺序。下面是一个思维实验：我带着 13983816 枚 1 欧元硬币来找你，你在其中 1 枚硬币的背面做个标记。我对数千万彩票玩家做了同样的工作，他们都在自己随意选择的那枚硬币上做了自己的符号标记。然后，我把这约 1400 万枚硬币一个一个紧挨着沿着柏林到基尔的高速公路摆放，这段高速公路长达 350 千米——这就是硬币链的长度。

现在开车驶离柏林。你可以在某个地方停下来，挑选 1 枚硬币，将其翻开。

你翻开自己做过标记的那枚硬币的概率和中头奖的概率一样小。但就像大多数彩票开奖中都有人中头奖一样，选中由众多其他玩家之一做过标记的硬币是完全有可能的。福利彩票是一种充满意外的游戏，例如，在保加利亚，2009 年 9 月 6 日和 10 日连续两次开出了相同的中奖号码。福彩行业的部长下令进行调查。然而，调查委员会并未发现有操纵行为，遂将这一事件归结为巧合。

让我们再来看看下面这件事：1977 年，德国彩票的开奖号码与一周前荷兰彩票的开奖号码完全相同。于是，在德国公民中出现了彩票购买大潮，他们毫不犹豫地效仿邻国，投注相同的彩票号码。

我们不禁会问，彩票究竟有什么门道？我们该怎么买彩票？首先，每一次下注都有相同的抽奖机会，即使是 1、2、3、4、5、6 这样的数字组合，也有被抽中的可能。没有任何技能或策略可以增加中奖机会，因为巧合是无法通过操控而产生的。

但你可以另辟蹊径展现智慧。因为在博彩业中，争抢中奖机会的不止你一个，还有其他购买者，你们彼此都是中奖金额的竞争者。而在德国，彩票公司只将所有收入的一半作为奖金回馈彩民。

因此，对彩票公司来说这是个稳赚不赔的买卖，而对 99.9% 的彩民来说则是个赔钱的游戏。如果你仍然想买，就有必要注意几个从广大彩民的投注行为中观察得来的简单法则。

情场得意，彩票失意

英国人萨拉赫·希德多年来一直买彩票，周而复始，投注同一套号码。1998 年的情人节，下班后的他口袋里只剩下几个硬币，给妻子买了一张情人节卡片后，剩下的钱不够买彩票了。晚上开奖时，他常年购买的号码中奖了。妻子和孩子们在电视上看到后欢呼雀跃，因为他们知道萨拉赫的号码，以为他当天买了同号码的彩票。回家后，他不得不沮丧地告诉家人，他买了一张情人节卡片而不是彩票，而这张卡片让他与 200 万欧元的大奖失

之交臂。妻子淡然地说道：“这真是有史以来最昂贵的情人节卡片，叫我怎能不爱他？”如今，萨拉赫·希德仍会买彩票，不过，他换了其他号码。

统计学家汉斯·里德威尔（Hans Riedwyl）对投注行为进行过深入研究。他在研究了购彩者在几次开奖中所下注的所有号码之后发现，号码组合多达数百万种。广大彩民的投注行为始终如一：足足30%可能存在的号码组合没有被任何人下注，而特别流行的号码则被投注了2万次。

彩票上号码框连成的对角线、几何图案、之字线等，这些在彩票上看起来很美的图案都很流行。此外，2、9、16、23、30、37这样的数字序列和所有以前开出的中奖号码组合，无论有多久远，至今仍然热门。1955年第一次开奖号码的流行度即使在今天也远高于平均水平。十分常见的投注号码是1、2、3、4、5、6。选择生日和其他重要日期的人也为数众多。这就是为什么数字19经常出现在彩票上，从而成为“赔率毒药”的原因。一般来说，31以内的数字经常出现在彩票上，12以内的数字更是如此。所有流行的号码和号码组合都应避开。

你必须确保自己的选择与其他数以千万计的人不同。不要手动输入已投注过的号码。这说起来容易，做起来难，但还是可以做到的。最好随机选号，以巧合对抗巧合。把1到49的数字写在小纸片上，把纸片混合整理后随机选择6个，但只有在满足几个条件的情况下，才接受这个号码组合，否则便放弃，重新抽取1个号码组合。

有两个条件很重要。

第一：你投注的 6 个数字相加得出的总和不能太小。

至少不低于 164。这个条件就可以排除 80% 以生日和其他日期进行投注的号码组合。

第二：如果你的号码组合中每两个数字之间确定共有 15 种差值，那么至少 11 个差值应该各不相同。这一条件会排除大部分具有一定模式和其他规律性的不利号码。

例如：投注号码 3、9、28、37、41、49，这一组合中的数字相加总和为 167，根据第一个条件，总和没有问题；当数字之间的所有差值都被计算出来时，即 9-3=6，28-3=25 等，会得出 15 个不同的数字，根据第二个条件，差值方面也没有问题，因此可以考虑将这一组合作为投注号码。如果你的投注号码看起来不怎么样，会发生什么？问问迪特吧。

买彩票就是寻求中大奖的机会，一个微小的机会。中 5 个号码的可能性要大得多。现在我来告诉你如何把中 5 个号码变成中 6 个。要做到这一点，你需要 44 组投注号码。首先，从 49 个号码中随机抽取 5 个。然后在 44 个投注号码框中填写数字。每一组投注框都以 44 个数字中的 1 个作为第一个填写进去，这 44 个数字中不包括随机选择的 5 个号码。44 组投注框中，每组再填上这 5 个数字。如果你随机选择的这 5 个号码真的中了，所填写的 44 组投注号码的任意一组中第 6 个数字也中了，那么你肯定就中了头奖。这还没完。你还可以在 5 个投注号码都中、附加号码也中的情况下中大奖，并且还有 42 次 5 个投注号码组合中奖的机会。

最后，讲一个例子，希望大家警惕类似情况：美国弗吉尼亚州的杰克 · 惠特克（Jack Whittaker）在 2002 年获得高达 3.15 亿美元的奖金。十年后，他的生活支离破碎。在接受采访时，他将自己与爱妻离婚、孙女吸毒而亡、友人尽散及针对自己的 300 起诉讼的原因均归咎于彩票中奖。

8 生日当天死亡风险很高?

本章，作者介绍了各种各样的风险，并解释了为什么有些人会在生日当天死亡

我岳父不久前去世了。他是在过完 80 岁生日的 14 天后过世的。我女儿在外公 79 岁时出国学习一学年，这次离别对他来说很艰难，他自己也这么说。在他 80 岁生日前不久，我女儿回来了。现在回想起来，我觉得岳父最想经历的有两件事：再次见到平安归来的外孙女，以及庆祝自己的 80 岁生日。这成了最后时光中支撑他的力量。

那么，有人要问了：他的死亡是否有可能延迟呢？哪怕是几周、几天、几小时?

稍后再回答这个问题。

请等一下！

1831 年，数学家卡尔·弗里德里希·高斯（Carl Friedrich Gauß）在哥廷根从事一项数学证明工作。这天，家仆赶来通知高斯，他的妻子奄奄一息，命陷垂死边缘。大数学家回答道："让她等一下，我快完成了。"

人生处处有风险。有些风险是固有的，无法避免，例如衰老过程中存在的风险。随着年龄的增长，活不过今天的风险也在加剧。其他风险则是人为造成的。就拿吸烟来说吧，如果你 17 岁就开始吸烟，每天抽 15 支烟，根据统计，你的寿命会缩短 7 年。身体肥胖、极限攀登或深海潜水也是容易导致短命的诱因。相反，如果你适量运动并摄入大量新鲜蔬菜和水果，寿命则有望延长 4 年。

各种风险不尽相同。攀登珠穆朗玛峰比在慕尼黑市中心散步的风险更大。但大多少呢?

科学家朗·霍华德（Ron Howard）和大卫·史匹格哈特尔（David Spiegelhalter）对风险做了量化：如果一项活动导致死亡的概率为百万分之一，那么其风险为 1 微死亡。

这对我们意味着什么?

人的平均寿命为 80 年，约 29000 天。人的一生中，每躲过死亡一天，就存活一天，因此，死亡风险为 1∶29000，相当于 34 微死亡。这是我们生存天数的平均值。当然，老年人寿命天数的微死亡要多于青少年。

死亡风险最低的年龄是 10 岁。这个年龄，免疫力增强了，不易出现婴儿死亡和各种致命儿童疾病。另外，10 岁的孩子也不会在道路上从事像摩托车骑行这样的危险活动。

25 岁时，每一个普通的日子都自带 1 微死亡的风险。男性多一点，女性少一点，这与男女日常生活中的差异有关，由身体磨损、事故和犯罪等原因造成。当然，如果你在一个战火不断的地区生活，面对的则是 33 微死亡的风险。

过了 25 岁，微死亡会长期稳步增加，每年大约增加 10%。换句话说，死亡风险每 7 年增加一倍。35 岁时，死亡风险为 3 微死亡，60 岁时是 28 微死亡。当我们 80 岁时，死亡风险达到 170 微死亡。90 岁时，我们每天要与 500 微死亡抗衡。

每种风险都可以换算成微死亡。以下活动都会给人带来额外的 1 微死亡：抽 3 支烟，做一次有一定辐射量的 X 线检查，超重 5 千克。

平均寿命的百万分之一是半小时，我们称之为微生命。通过一个小窍门可以将微死亡和微生命相互转换。如果一个年轻人面临 1 微死亡风险，也就是百万分之一的风险，那么，他的剩余寿命为 0，因为在这种概率下会发生死亡。因此，1 微死亡的风险会缩短剩余寿命的百万分之一，即 1 微生命。1 微死亡造成 1 微生命的消逝。

把生命看作一次旅行，会让我们更好地理解微生命及微死亡。原则上，每个人都以每天 24 小时，即 48 微生命的速度走向死亡。令人欣喜的是，生命旅行者可以获得额外的奖励。因为据统计，人的寿命每年都会延长 3 个月。这种情况已经持续了 1/4 个世纪，这是医学进步的结果。

我们虽然在朝着死亡行进，但是死亡每天都在以 12 微生命的速度远离我们。不管怎样，我们终将到达生命的尽头。令人欣慰的是，活一天并不会让我们的寿命正好缩短一天，而是缩短一点儿。这一点儿，可以从如今一个 20 岁人的寿命为 58.6 年，但一个 70 岁人的寿命并不是刚好减少 50 年而是 45 年的事实中看出，预计 70 岁人的寿命可能还有 13.6 年之久。

让我们来看看上面提到的吸烟者，他失去了 7 年的寿命，即每天耗费 4 微生命。这就好比吸烟者以每天 26 小时的速度而不是寻常速度冲向他生命的终点。生活本就充满风险，而他的吸烟习惯又加剧了风险。

有些风险是令人意想不到的。谁会想到圆珠笔这种再普通不过的日常用品会是死亡机器？每年有 300 人因不小心吞下圆珠笔的部件而死亡，相当于每天 1% 的微死亡。

生日也蕴含意外风险。英格丽·褒曼（Ingrid Bergman）和威廉·莎士比亚（William Shakespeare）都死于生日当天。是巧合吗？是的，就是巧合。不过，生日确实是死亡概率最高的日子。因此，生日很危险。而且，说真的，随着年龄的增长，生日时死亡的风险也越来越大。

瑞士一项包含 200 多万条死亡数据的综合研究显示，生日当天的死亡概率比平时高出 14%，这就是生日效应。对于一个每日微死亡达到 500 的 90 岁老人来说，他生日当天会增加 70 微死亡。

我想起一个老哥仨的故事。两个哥哥都是在自己 90 岁生日当晚去世。因此，最小的弟弟不许大家在他 90 岁生日时举行庆祝活动和任何探访。在随后的几周里，他只是用短暂的时间分别接待了前来祝福的亲朋好友。他非常喜欢这种庆祝方式，因此以后的生日都采用这种方式。他还能再庆祝 13 个生日。

寿终正寝

在我看来，在自己的生日这天“寿终正寝”是一件圆满、干净利索、不拖泥带水的事情。

——斯塔西·康拉德（Stacy Conradt）

另一项针对近 300 万美国人的研究得出结论，男性不仅在生日当天，而且在生日前一周的死亡风险也会增加；而女性在生日前一周的死亡风险较低，生日后一周的风险较高。两种情况与正常情况的偏差仅为 3%，即便如此，也意义重大。

为什么会有生日效应？

生日是充满情感的日子。对于老年女性来说，生日似乎具有积极的情感效应，这是一个让人热切期盼的日子。简而言之，这是一个无论如何都盼望企及的日子，原因众多，家人团聚是其中之一。

一些老年女性通过尚未为人所知的机制，设法将临近的死亡至少推迟到生日那天。在生日当天，即便是再普通不过的生日庆祝和前来祝福的客人所造成的压力，从统计学上来看，也会让寿星付出代价。

心理学家认为，对于大多数老年男性来说，生日则有负面的情感含义。在以业绩为导向的社会，生日总是进行人生总结的关键日子，而这种总结往往是令人不快的，甚至可以削弱死亡临近时的求生意志，虽然只是稍微削弱，但从统计学上看，却是非常明显的。生日当天酒精摄入的增加和由此产生的事故会导致死亡发生率提高。

结论：一切皆有风险。即使你坐在椅子上或摆弄圆珠笔，也存在风险。然而，风险各不相同。人生就是沿着大大小小概率前行的旅行，而生命的艺术就在于去决定哪些事值得冒险。诚然，我们可以小心翼翼地活，但正如歌德所说：“只想平安活着的人，已经死了。”

9 缩短等待时间

本章，作者介绍的是人的感性知识，例如为什么你总是排错队，并给出建议，告诉你如何选择最快的队列

欢迎来到本章。作者正在思考切入主题的最佳方式，请耐心等待，他会尽快回应您。

生活中充满等待：在等候室里等待；等待圣诞老人的到来；超市结账时等待。与其说我们是智人（*homo sapien*），不如说我们是期待者（*homo expectan*），即等待的人。“等待”领域专家的研究成果证明，人的一生中有374天是在等待中度过的。我们的日常生活夹杂了一个又一个等待。

等待令人心烦意乱。让我们等待是一种权力手段。谁能让我们等待，谁就占了上风，掌控了我们的时间。

需要发明的不是等待，而是等待的方式。人类学家一致认为，排队这种等待方式是英国人发明的，这表达了他们的平等主义精神，即在等待的目标面前，人人平等。等待需遵守原则，不可插队，人人都要遵循先来后到的公平原则。

反对意见

我不赞同人类学家的观点。排队不是英国人的发明，而是寄

居在螺壳里的寄居蟹。由于寄居蟹在不断长大，所以每隔一段时间就得寻找新居所。如果有空螺壳被冲上海岸，而这个螺壳对寄居蟹来说过大，它就会在螺壳前等待。之后会有其他寄居蟹为了同样目的来到这里，重复类似的动作。它们会从最大的寄居蟹到最小的寄居蟹排列好，依次排队换房。

会有那么一天，一只适合这个螺壳的寄居蟹来到这里。哈佛大学的一个研究小组发现，当这只寄居蟹搬进新房时，这一换房动作会引发连锁反应。所有排队等待的寄居蟹一个接一个地搬进下一个最大的空房子。

排队时有人插队，就会让后面排队的人产生愤怒。我在超市购物时，一位卖肉的女销售员告诉我，曾经有一位顾客把一块奶酪扔向她，因为她无心之下先为别人提供了服务。她认为在排队时，有很多人有“队怒症”。

在超市里又一次排到了缓慢移动的队列中时，谁能不恼火？而在旁边的队列中，比你来得晚的人却轻松赶超你。于是很多人认为他们运气太差，总是排错队，但这只不过是选择性心理。我们会容易忘记也曾有幸站在移动速度很快的队列中，而记住的都是那些等待过程不是很顺利的情况。

心理学家发现，在无人监管的情况下排队时，感知到的等待时间要比实际等待的时间长很多。可以说，等待拉长了时间。

排队还是个数学问题，叫作排队论。该理论有一个结论：美国排队情况最佳，这里说的是在美国邮局排队的情况，在那里，所有人自成一排，队列可能会很长，但也很快。排到队首的人，就可以去下一个空闲的服务人员那里办理业务。这要优于超市排队原则。在工作人员工作速度相同的情况下，美式排队法可以让更多人通过，平均而言，等待时间更短，另外，这种排队方式还有一个优点，那就是十分公平。

如何排队？

新来的病人向疼痛治疗师的助理如是问道："你们这里如何排队？美式排队法还是痛哭声最大的人为先呢？"

当然，有人会问，为什么超市不采用美式排队法呢？因为超市经营者并不希望他们的顾客尽快离开。相反，顾客停留的时间越长，购买的商品就越多，花的钱就越多。

收银台前的区域特别适合用来吸引顾客的注意力。顾客站在队列中，视线会四处游移。还有哪儿比这个区域更适合投放定向广告呢？这里还可以设立转角货架，放置一些心理学证明对于队列中的顾客具有吸引力的商品。

如何做到这一点，本身就是一门科学。研究排队心理学的同时也要研究购物心理学。排队等待结账的时间越长，顾客受到诱惑的时间就越长，最终向这些诱惑屈服的概率就越大，有些人会快速地把放置在队列旁的巧克力放进购物车。

在付款结账阶段，顾客尤其容易受到干扰。他们的注意力已不在购物上了，心理上已经完成了购物。其思绪已经飞到了超市外的世界，即将继续他们日常生活的其他内容。就在这时，一条诱人的牛奶夹心巧克力映入眼帘，或许结完账出了门便很快在车里享用了。

现在给大家介绍几个超市排队的小窍门。对我来说，通常情况是，我已经逛完了超市，正朝着收银台方向走。几个收银台都是开着的，每个收银口前都排着长队，这些队列的长度都差不多。如果一个队列比其他队列短得多，这种状况其实并不会保持很长时间。很快，其他队伍中的顾客会跳到这个队列，新来的顾客也会加入其中。

如果所有结账队列的长度大致相同，那么在哪里排队其实并不重要。很多人都这么想，于是随机选择一个队列排队，或者选择刚好短一点的队列。但这并不意味着他们能更快地通过结账区。从数学上看，排队动力学很复杂，不规律性对其影响甚大，其速度的波动性也很大。

一位单身人士的购物车里只有三件物品；而一位母亲为全家人购买整一周的物品；有人忘了给香蕉称重……许多因素是不可预测的，不过也有一些是可以预测的。

在此，我建议大家排队之前观察一下收银员，看他们是积极主动、有活力的，还是看起来昏昏欲睡、无精打采、慢吞吞的。他们的服务速度对排队速度有决定性的影响。另外，还可以看一下其他人的购物车。一些购物车里商品堆积如山的话，就是排除在此列排队的一个标准。

根据我的经验，如果赶时间，不要与那些移动速度较慢的人排在一队，例如独自带孩子的父亲或母亲，因为他们不得不花更多的时间来让孩子安静下来，而不是付款；而老年人则可能要找他们的眼镜或者和收银员闲聊一会儿。

此外，1 台收银机前有 10 人在排队，与 10 台收银机前有 100 人排队，情况完全不同。第二种情况于排队者而言更有利。如果收银员工作速度相同，在第二种情况下，平均等待时间更短。

如果我们能俯瞰世界，将一切尽收眼底，我们就会看到转瞬即逝和持久存在的实际频率。如若身处其中，视角则完全不同，人们只会对接触到的事物有所体会。因为我们大多数情况下都漫不经心、东走西逛的，所以我们经常遇到持续时间较长的事情，例如交通堵塞。如果交通拥堵时间短，我们就会因为这种转瞬即逝而感受不到拥堵；如果拥堵时间较长，感受到拥堵的概率则比较大。因此，我们通常要堵很久的车，才能体会到这种交通拥堵。

再比如公交车站。如果我们在任一时间到达那里，这个时间很有可能处于两辆公交车发车之间的较长的区间，而不是较短的那个区间。因此，我们不得不等待更长的时间才能等到下一趟车。

生活中的许多事情都以类似的方式与常态不同。我们的洗衣机会比平均使用年限工作得更久，友谊也会如此。通常情况下，我们父母的年龄会比平均寿命更长，我们也会如此。因为那些英年早逝、使平均年龄降低的人，在我写到此处的时候已经不在我们身边了，更不用说在你读到此处的时候了。

10 困惑中寻得真相

本章，作者告诉你如何摆脱困惑，逐渐走向未知的真相，以及如何将接近真相变成更接近真相

地球是 73 亿人的母星。这一人口数字还在持续增长，在过去的几十年里，每 5 年增长 6%。这会导致什么结果呢？我们的地球能承载多少人？如何养活他们并且让他们有生活能力？这些都是问题。

几个世纪以来，人们一直在关注这个问题。1679 年，同样在研究这个问题的显微镜发明者安东尼·列文虎克（Antoni van Leeuwenhoeck）得出了计算结果：我们的地球能承载 134 亿人。

人口学家乔尔·科恩（Joel Cohen）汇编了过去 4 个世纪 66 位专家的判断。他们都根据自己的基本假设得出了各自认为的真相，其中一些是荒谬、不合逻辑的。有一位专家提出了这样的假设：地球上整个陆地表面都用于农业，将植物种植密度最大化，所有农作物都只用于供养人类，人类全体都是素食者。基于这一假设，他估算出地球可承载 1 万亿人。

这还不是最极端的例子。一位疯狂的物理学家提出了一个更怪诞的想法，他的估算甚至是 1 万亿人的 6 万倍。他想用空调气球结构将整个地球及高空都包住，人类积聚其中。

这 66 个估值不是大数据，甚至连小型大数据都算不上。但数量也足够多，光简单看两眼是没办法做出评价的。

接近真相

真相不仅存在于数字之中，很多领域都存在真相，例如，对语言作品的诠释就是寻求真相的过程。谁能比作品创作者本人更了解作品本来要表达的思想呢？波兰著名诗人维斯瓦娃·辛波丝卡（Wislawa Szymborska）于1996年获得诺贝尔文学奖。此后不久，她匿名参加了一个结业考试，考试内容是对自己最著名的诗歌进行阐释。结果，她的得分很低，差点不及格。

大数据在我们这个时代很普遍。今天的生活就像站在海滩上，惊涛骇浪席卷而来。庞大数据的触角伸向生活的每一个角落。在这个世界，数据集多于文字集，数字多于文字。我们的日常生活也充斥着数据：运动成绩、实验室数值、股票行情、账户变动。数据为我们提供了信息，但太多了，我们可以忽略大部分，但不能忽略全部。决策者需要一个可靠的基础，那就是数据。

数据需要加以解读，因为人们无法直接领会它所传达的真相，此外，数据的庞大也让人感到束手无策。以互联网为例，现在互联网上有200亿个网页。假如你很想知道这些网页最后一次更新是什么时候，那么，基本上你需要处理200亿个数字。

对堆积如山的数据产生感情，怎么可能呢！但如果对数字没有感情，它们中所蕴含的真相也就没什么价值了。有一条信息我们真得感谢，那就是大多数网页都是58天更新一次。这一平均值，即一个数字，就代表了整座数字大山。这个平均值作为整座数字大山的代表值，成为寻求真相的入手点。

让我们向平均值的发明者致谢。它和车轮一样是人类最重要的发明之一。的确如此！如果人类没有平均值，世界将会怎样？一个接一个的数字让人类应接不暇。在 1831 年比利时科学家阿道夫·凯特勒（Adolphe Quetelet）推出平均值之前，这个世界一直都是如此。

确切地说，凯特勒创造了“平均人”——我们就称其“张三”吧，是个虚构的人。凯特勒把每个独立个体及其个性、特殊性和不属于所有人而只属于少数人的那些特性都去除掉，以科学怪人弗兰肯斯坦的方式创造了“平均人”。他的平均人是整个人口的中心，就像物体系统的物理重心一样——一切个体都围绕这一中心分布。

德国“平均人”

德国“平均人”的年龄为 44 岁，姓米勒（Müller），叫迈克尔（Michael）（男）或萨比娜（Sabine）（女）。他/她在服务行业工作，每月毛收入为 3000 欧元。他/她每晚 23:04 上床睡觉，早上 6:18 起床。德国“平均人”有一个卵巢和一个睾丸。有两个卵巢的人平均寿命为 82 岁，有两个睾丸的人平均寿命只有 77 岁。

平均人“张三”不止一个。在犯罪侦查中还有恐怖分子“张三”。首先，人们在计算机实验室里从所有罪犯中计算得出此类平均人，然后，在现实中利用电脑数据进行搜索。他尚未造成任何破坏，就已经被警察锁定，这就叫预警工作。毕竟，安全部门不仅要破获案件，更要防患于未然，这被称为打击犯罪升级版。

凯特勒的“平均人”意义重大。作为代表值，他比任何个人都能提供更多关于整个集体的信息。这个集体不一定由人组成。

让我们以前文中对地球承载量预估的数据为例：所有 66 个估值的平均值为 90 万亿人。那位疯狂的物理学家以他的数字极端主义使这个平均值失去了意义。其他 65 个估值远远低于这个平均值，而这位物理学家的估值则远远高于这个平均值。

平均数在数学中应用已久。数学中，平均数通常被称为算术平均数，即所有数字相加，总和除以数字个数。算术平均数尽可能地接近数据集所包含的所有数字，这听起来是个不错的特性，确实如此。然而，这也是它的缺点，因为人们试图通过计算平均值的方式将极端值合理化。

如果把我和办公室里其他几个也在写书的人算在一起的话，我们的书平均售出 5 万册。然而，如果《哈利·波特》的创作者加入我们，其全球销量达到几亿本，我们的销量平均值就会飙升，接近 1000 万本。这既不符合罗琳夫人的成就，也与我们这些普通作家的情况不符。这是一个与实际相距甚远的数字。由于数据分散以及算术平均数的敏感性，我们得到的平均值完全没有意义。

数据分散是常态而非例外。经常会有一些思路清奇的人造出不寻常的数值。算术平均数造成的影响与思路的清奇度成正比。这样不太好，最好是那些思路清奇者能相互中和，或者他们的影响力有限。由于算术平均数无法做到中和思路清奇者制造的不寻常数值，也无法限制他们产生的影响，所以它并不是最佳手段。

数学可以提供更好的方法。“为什么不取中位数呢？”“数学”建议。“那是什么？”我们问。将所有的数字按从小到大的顺序排列，然后取中间的数字，这就是中位数。它不受极端值的影响，安于自身，当一个极端值变得更加极端时，它仍然不为所动。

与算术平均数相比，中位数要民主得多，因为任何一个数字在数集中都会遭到多数票否决，多数反对者对这个数字说，你要么太小，要么太大了。有了中位数，两派就能相互平衡。因此，中位数是数字界能够达成共识的最终候选者。

中位数还有一个优点：我们不必通过计算得出中位数。只要我们能根据某个属性值将对象进行排序，例如人的魅力值，我们就能确定位于中间的对象，得出中位数。

我们以此创造了“中位数人”作为凯特勒“平均人”的替选方案。在一开始的例子中，“中位数人”可以立即证明自己的价值。所有 66 位专家意见的中位数是 120 亿。这是很了不起的，因为这个中位数非常接近列文虎克于 1679 年得出的估值，当时世界上只有 6.5 亿居民，因此，这一中位数是有说服力的。

11 反向思考

本章，作者解释了什么情况下单刀直入是无济于事的，最好反其道而行之

几个月来，达尼尔一直在试图解决自己的失眠问题，然而并无成效。即使在白天，他一想到晚上上床睡觉这件事，也会心生焦虑。晚上，他躺在床上，几个小时都是辗转难眠，思绪万千，他为自己睡不着觉而心烦易怒。白天，他疲惫不堪，烦躁不安，最近越来越绝望。有一天，他感到自己痛苦难耐，于是去了睡眠实验室。

当他躺在实验室的床上时，医生走了进来："现在，我们为您做好了睡前准备，只需要再给您做一个初步检查就可以了。我先到隔壁病人那里看一下，回来之后给您做检查。在我回来之前，千万不要睡着！"

于是医生离开了。几分钟后，达尼尔打起了瞌睡。当医生回来时，一直以来都入睡困难的他已陷入沉睡。医生看似随口说出的话却是公认的治疗失眠的方法——悖论干预。失眠者在有人告诉他们不要睡着时，就会睡着。

这就是逆向心理学。

说起这位医生，他叫弗兰克·法利（Frank Farley），是一位有无限耐心的精神科医生。有一位精神分裂症患者，在多达一百次的治疗中，法利医生反复鼓励他，告诉他自己是有价值、有能力的好人，并且潜力无限。然而，病人还是自暴自弃，感到自卑，情绪低落。

在第 101 次治疗中，法利改变了策略。他突然开始认同病人的自我

形象："您是对的，您百无一能，心灰意冷，资质平平，相貌丑陋，就是一个一无是处、胆小懦弱、一败涂地的人。"

病人以前所未有的劲头开始为自己辩护：他能做这能做那，既不懦弱也不失败。他列举了自己所取得的那些成功。又进行了几次治疗后，病人终于摆脱了精神分裂症。

这些例子有一个共同点：当有人想剥夺我们的自主权，限制或批评我们时，我们内在的自我（Selbst）会回击，因为自我感到自己受到了挑战，于是就会去反抗。

罗密欧与朱丽叶效应

父母越是不赞成子女的恋情，恋人之间的感情就越强烈。

动物也是如此。一头倔驴站在一个敞开的马厩前，主人要它进去。无论是用缰绳拉它，还是从后面推它，无论哪种方式，驴子都会反抗，不会进去。但如果我们拉驴的尾巴，它就会小跑着进入马厩。

这种逆向法则的效果在孩子身上体现得更明显。如果母亲说"你已经这么大了，整理一下房间吧"，这通常没什么效果。但如果说"你肯定还是太小了，半小时内根本无法整理好房间"，孩子就会觉得受到了挑战，认为自己的能力受到了质疑，他很可能就会想去证明自己可以。

反其道而行之往往好处良多。古希腊人就已经知道，逆向思考可以事半功倍，他们称其为帕普斯法则。这一法则在数学和其他科学中也很常见。两千多年前，欧几里得在研究质数时就已经巧妙地运用了这一法则。

质数是只能被 1 和它本身整除的自然数，5 或者 37 就是这样的数字。

欧几里得发现，质数之间的平均差距越来越大。于是他想知道，最大的质数是否存在于遥远的某处？还是质数会越来越大，根本不存在最大的质数呢？他猜测，质数有无穷多个，但又无法正面直接证明。

于是他反向思考：如果我暂且假设质数个数有限，会怎样？以该假设为出发点，欧几里得做了一个思维实验：如果质数个数有限，那我可以把它们都写在列表中，列表终有写完的时候。列表可能很长，但质数的尽头终究会出现。

然后，设定列表中所有质数的乘积加上 1，就得到了一个新的数字。有了这个新的数字，我就可以认定还有一个质数不在列表中。因为要么这个新的数字本身就是那个不在列表中的质数，要么它能被那个质数整除。这个数字不管除以列表中哪个质数都无法整除，因为最终都会得出余数 1。

因此，最初的假设出现了矛盾：对于每一个终止的质数列表，我们都可以找到一个不在列表上的新的质数。因此，最初的假设可能是错误的。与此假设相对的观点一定是正确的，那就是质数的个数无穷无尽。

你刚刚看到的这种证明的方式叫作反证法。欧几里得的证明是一颗永远优雅和具有穿透力的宝石，它是人类精神文化遗产的一部分，是整个数学领域最美妙的证明之一。此外，反证法也是一块试金石，因为任何不觉得它美的人，都应该放弃研究数学。

成功的反证需要从牺牲真理入手。只有在开始时放弃真理，以反面取而代之，最终才能获得真理。只有从非真理所产生的矛盾中才能得出不容置疑的真理。就像凤凰涅槃，终会重生。

16 世纪的伽利略也经历了类似的情况。他对亚里士多德关于重物下落速度比轻物要快的说法心存异议。伽利略虽不赞同亚里士多德的论断，却无法证明。当时他也得益于一次巧妙的思维实验证明了自己：他假定有一个重物和一个轻物，二者由一条几乎没有重量的线绑在一起。

如果这两个假想物体从高空向下坠落，会发生什么？

如果亚里士多德是对的，那么一开始重物会落得更快，轻物则会慢些。但很快线就绷紧了，轻物拖慢重物。重物下落速度不像单独下落时速度那么快了。

但另一方面，轻物、重物以及连接线的总重量比单独的重物要重。按照亚里士多德的说法，这时整体应该比单独的重物下落速度快。

但这是自相矛盾的。亚里士多德的论断逻辑不通。只有所有物体以相同速度下落，亚里士多德的逻辑才具有合理性。

再举一个例子：如果摇晃一个装有大粒巴西坚果和小粒花生的罐子，会发生什么？如果你认为大粒巴西坚果会沉到底部，那就错了。相反，它们会跑到上面。灵巧且不那么占空间的小粒花生会滑过巴西坚果之间的缝隙，聚集在罐子底部，这样就把巴西坚果推挤到上方。

回力棒效应

心理学家丹尼尔·韦格纳（Daniel Wegner）在一项研究中发现，努力去抑制思想会产生完全相反的效果。他要求一组测试对象无论如何都不要去想北极熊。每当他们想到北极熊时，就被要求按一下按钮。五分钟后，受试者想到北极熊的次数是其他实际上被要求对北极熊进行深入思考的受试者的两倍。

心理学家对此做出了解释。当我们试图抑制一个想法时，大脑就会在我们的记忆中搜索这个禁忌想法。然而，这样一来，禁忌想法反倒被激活，并越来越强烈地冲进大脑。我们越想摆脱这些想法，它们就越萦绕不去，就像回力棒那样。

结论：无论是说服自己相信事实的正确性，还是用某种方式让自己得到认同，如果你在预期方向上没有取得进展，请向后转身，尝试反向操作，抑或将整个过程从后往前再试一遍。卡尔·瓦伦汀（Karl Valentin）曾说过：结束是从另一个方向的开始。

12 巧妙化解冲突

本章，作者研究的主题是“冲突”，解释了如何通过镜像模仿来化解冲突

阿吉尔津津有味地吃着香蕉。洛蕾塔走到它身边，想通过拥抱和轻轻地抚摸，让阿吉尔与自己分享香蕉。阿吉尔是一只雄性倭黑猩猩，洛蕾塔是它最喜欢的雌性。倭黑猩猩与黑猩猩都是人类的近亲。我们 99% 的基因构成与它们一致。从基因上看，人类和大猩猩的关系与狐狸和狗的关系相似。

如今，野外生存的倭黑猩猩和黑猩猩只在刚果地区才有，它们分别生活在流域广阔的刚果河两岸。由于这两个物种都不会游泳，因此它们彼此之间没有联系。这样也好，因为它们特性迥异，彼此可能不会和谐相处。最显著的差异体现在对冲突的管理上。黑猩猩解决冲突的手段是暴力。倭黑猩猩则利用“性”：“要做爱，不要作战”，这是它们的箴言。倭黑猩猩彼此间的相处既放松又温和，深情款款。作为灵长类动物中的嬉皮士，它们很少表现出攻击性。类似互相揉搓生殖器这样的情欲触摸却很常见。因此，它们可以轻松融入社交互动中。

当不同的倭黑猩猩族群为寻找食物而相遇时，会发出高音调的尖叫声，然后，它们会精心组织一场“狂欢”。它们频繁进行交配，之后，各族群会悠闲地互相分享找到的食物。

黑猩猩则不同。各族群争夺食物时会使用暴力。死亡和受伤随之而来。强暴和杀死幼崽的情况屡见不鲜，甚至还有人观察到黑猩猩中有同类相食的现象。黑猩猩是“天生的杀手”。

灵长类动物学家弗朗斯·德瓦尔（Frans de Waal）总结了人类这两个亲戚之间的差异：黑猩猩用暴力来获得性；而倭黑猩猩用性来避免暴力。

黑猩猩的社会生活由雄性主导，有时雄性成员之间会因为地位和等级发生争斗。雄性建立关系网并试图获得盟友。族群中最强壮、社会关系最强的雄性会成为首领。雌性之间一般不会很团结，它们在群体中的地位也很低。

相反，在倭黑猩猩中，雌性甚至占主导地位。它们彼此团结，相互支持，而雄性在群体中处于劣势。如果有雄性越界，例如对其他族群中的雌性进行不受欢迎的挑逗，或以其他方式惹恼了雌性，一群雌性倭黑猩猩便会联合起来将其强行拉回自己的种群。

倭黑猩猩能够产生同情心。有人曾看到过倭黑猩猩在哭泣。它们之间不会诉诸暴力的秘诀就在于这种共情能力。

人类学家詹姆斯·普雷斯科特（James Prescott）经过比较研究得出结论，即使在人类社会中，轻松无度的性生活与降低暴力倾向之间似乎也存在关联。例如，18 世纪的易洛魁人——定居在现在纽约州北部的印第安部落，他们生活在庞大的氏族群体中，保持灵活的多角关系——面对冲突完全不会诉诸武力。

幸福公式

为了完成一篇关于满足感的报道，一位记者在一个步行区采访了几位路人。他对一个看起来特别幸福的人说：“您给我一种

非常满足的感觉。您知足的秘诀是什么呢？”路人回答说：“我有一个基本原则——从不与人争论任何事情。”记者说：“但这不可能真的是您知足常乐秘诀的全部。”那人说：“没错。这不可能是唯一的原因。”

数学家和生物学家阿纳托尔·拉波波特（Anatol Rapoport）曾对冲突与合作进行了深入研究。冲突可分为打斗和博弈。打斗是暴力对抗，在最坏的情况下，以摧毁对手而告终；博弈是在固定规则内的实力较量。介于冲突和合作之间的是争论。争论的目的是说服对方相信自己的思维方式。

有一个巧妙的方法可以减少冲突和争论。拉波波特建议采用沟通法，而不是要求争端双方各自陈述自己的立场。如果先让争端双方中的一方向对方以详细而令人信服的方式陈述对方的观点，使对方也对自己观点的这种陈述感到满意，这样做更有助于化解冲突。

然后进行角色互换。现在，另一方必须尽可能详细地陈述对方的观点。拉波波特谈话沟通是调解技巧中的一种重要方法。实际上，这种谈话可以使所面临的冲突得到明显化解。

拉波波特法律咨询

一个男子去找律师，详细描述了他的纠纷。律师说：“这个案子我会接。您在法庭上肯定会赢。”对此，该男子回答说：“我不会上法庭。”“为什么？”律师问道，“我相信您会赢

的。”那人说：“这就是原因。我刚刚给您讲述的是对方在纠纷中的情况。”

在拉波波特谈话中，一个人以自己的思路为出发点来反映对方的论点，这就是心理学中所说的内容的“镜像模仿”——一种对他人不自觉的、可靠的模仿。关于这一点有很多研究，其结果大致相同：在交谈中模仿他人的手势、表情、姿势和神情的人显得格外讨人喜欢。

当参与者彼此产生共鸣时，模仿就会不自觉地、不可避免地产生。然而，这种因果关系也会反过来起作用。现有的共鸣不仅会导致行为举止的同步，反过来，行为举止的镜像也会引起共鸣。镜像使我们更容易理解他人的想法和感受。

从心理学上看，拉波波特谈话是有效的。谈话能使双方达成和解。一方也会更加了解另一方的思维方式。

镜像也是博弈对抗中的重要战略要素。举例来说：安娜和伯特坐在一张方桌前。两人在游戏中轮流把 1 欧元的硬币摆放在桌子上。硬币必须平放，不得重叠，硬币的一部分不能在桌面的边缘以外，也不可以被移位。谁先摆不下硬币谁就输了。经抽签决定，安妮先放。

安妮摆上第一枚硬币。

伯特立刻就认输了。安妮把硬币放哪儿了，伯特为什么会认输?

安妮的想法是，如果我把第一枚硬币随意放在桌上的某个地方，伯特就可以镜像模仿我的策略。他可以把他的硬币放在桌子上正好相对的地方。例如，如果我把硬币放在一个角落，伯特就把他的硬币放在对面的角落。这样一来，他就可以通过在桌子中央的镜像，为我的每一步棋找到反手。如果他总是完全镜像模仿我的棋着，那么，我最终会无计可施，只能弃子。这就是“邪恶双胞胎”策略。

安妮只有在第一步棋中，把第一枚硬币放在桌子正中间，伯特才无法行使这一策略。这样一来，她就会打破对称性。现在伯特必须把他的硬币放在某个地方，而安妮则使用“邪恶双胞胎”的镜像策略。伯特现在只能毫无防备地任由“邪恶双胞胎”摆布，因为他和安妮不能同时打破对称性。伯特很聪明，当安妮把一枚硬币放在桌子中间时，他立刻就认输了。

13 预测未来

本章，作者着眼于未来，用最少的信息对未来进行了严肃的预测，并解释了理查德·高特（Richard Gott）知晓柏林墙何时会倒塌的原因

一位数学家躺在床上，一边悲天悯人，一边思考人生。他自问："人类还会存在多久？"他纯粹在瞎想吗？这是个关乎信仰的问题吗？他所研究的数学能帮他找到答案吗？

先来说点儿别的。1969 年，一位天体物理学家，美国人理查德·高特（Richard Gott）前往柏林参加一个年会。在一个休息日，他参观了柏林墙。在参观查理检查站时，他心中琢磨，柏林墙还能存在多久。

他想的是，如果我想象一条时间线，从已知的柏林墙建起的时间到它（当时）未知的倒塌时间，那么我参观柏林墙的时间就是这条时间线上的一个节点。由于我对柏林墙的造访与柏林墙的存在没有任何关系，因此在柏林墙存在的整个时间线上，我参观柏林墙的时间节点就不具备任何特殊性，是完全任意的一个节点。

完整的时间线可以分为 4 个区间。我，理查德·高特，有 75% 的把握可以确定，我的参观不是在第一区间，而是在柏林墙存在的最后 3 个区间进行的，因为 3/4 是 75%。当我参观的时间节点是在这最后 3/4 区间的开始阶段时，柏林墙未来存在的时间就是最长的。因此，柏林墙未来存在的时长是其过去存在时长的 3 倍。

高特参观柏林墙时，它刚好存在了 8 年。因此，依他所想，可以

75% 确定，柏林墙最久还会存在 24（3×8）年，也就是说，它在 1993 年会不复存在。事实果然如此。这就是 75% 置信度的“3 法则”。如果需要 95% 置信度，则相应地会产生“19 法则”。

高特的方法是从一个过程过去的时间段来推断未来，然而，这个方法并不会总是奏效。方法是否有效取决于所使用的时间节点是否纯属巧合，换句话说，是否是该过程时间线上的一个完全任意的时间节点。至于其他，则由数学来完成。

1993 年 5 月 27 日，理查德·高特将他的方法应用于世界上 313 个国家和政府首脑。他在 95% 置信度下利用 19 法则为每个人计算得出他们剩余任期的估值。今天，当时的领导人没有一个还在任：313 个案例中，高特的 95% 置信区间正确地预测了 296 个人的未来任期时间，正确率达到 94.6%。瞧！高特对未来的预测取得了非凡的成功。

高特是如何预测希特勒的未来的呢？

在 1933 年 1 月 30 日，夺取政权整整 8 个月后，阿道夫·希特勒宣布，他所领导的国家将存在一千年。高特却不这么认为：利用 95% 置信度可以预测，第三帝国不会超过 152（8×19）个月，也就是还有不到 13 年的时间，帝国将不复存在。事实也确实如此：第三帝国对世界施以暴政的时间大约 12 年。

高特的方法是真正的万灵法：几乎仅凭一个统计学原理和一点常识，就可以从无到有地对许多复杂的事情发表非凡的见解。

它也可以用于看似不太会成功的预测。假设你到达一个城市的车站，那里的出租车从 1 开始连续编号。你上了所看到的第一辆出租车，编号为 17。你能利用高特的方法算出这个城市的出租车总数吗?

从你的角度看，没有哪辆出租车比其他出租车享有特殊的地位：城市里的每辆出租车都有同等的概率成为你将要乘坐的那辆。因此，你从所有出租车编码的前一半中选择一辆出租车的概率是 50%。相应地，你乘坐的出租车有 10% 的概率会出现在 10% 最小的出租车号码中。现在我们换一种说法：城市中有 34（2×17）辆或更多出租车的概率是 50%，但至少有 170（10×17）辆出租车的概率只有 10%。明白了吗?

以我们的私事为例说说吧!

这样吧，在读这几行字的此刻你也可以估算一下与当前伴侣的关系还能持续多久。因为我们谈论高特方法的时间点与你们伴侣关系的长短完全无关，因此，可以认为这一时刻在你们整个关系存续期间纯粹是随机分布的。

如果你与当前伙伴共同生活了 N 年，那么利用 75% 置信度可以预测你们的关系在 $3\times N$ 年后将不复存在。不管出于什么原因，总之，会以分手收场。这又是“3 法则”。如果目前你和伴侣在一起的时间仅为 1 年，则有 75% 的概率在 3 年后关系破裂。如果你们已经在一起 7 年了，那么在相同的概率下，你们共同生活的时间最多可达 21 年。

这些时间区间在你看来可能很长，但你要知道，这种方法非常简单。它只需要一个过程持续到目前的时长作为信息输入。例如，如果输入的信息是 2 年，那么对于未来预测而言，无论一栋 2 年的建筑、一段 2 年的关系，还是 2 年超过 10000 点的 DAX 指数都无关紧要。

有些过程、机构和物体到被观察的那一随机时间节点已经存在了很久，并且继续存在更长时间的概率较大。这符合我们的直观感受：埃及金字塔和中国长城已经存在了几千年，一百年后也很有可能继续存在。但去年欧洲歌唱大赛冠军获得者所唱的那首歌很可能成为昙花一现的时尚现象。一百年后，也不太可能有人还会听它。更有甚者，你可能都不记得当初是谁赢得了比赛。

还有一个实用建议：鉴于高特的方法，建议避免乘坐船舶、飞机和其他出行工具的处女航。最好乘坐已经完成二十几次旅行且未发生过事故的车辆。这样，它很可能在下一次旅行中也会安然无恙。这条经验法则可以使你免于遭遇泰坦尼克号（1912 年处女航中沉没）、兴登堡号飞艇（1937 年第 19 次横渡大西洋时烧毁）以及挑战者号航天飞机（1986 年执行第 10 次太空任务时爆炸）那样的意外。

最后，让我们回到本章开始的问题——人类还会存在多久。高特的方法也可以用来计算人类这一物种的生存时间。

智人起源于某个时间点，祖先是亚当和夏娃还是其他什么人都无关紧要。就像直立人或尼安德特人一样，智人也可能灭绝，例如遭遇全球核灾难或大规模陨石撞击。早在 6500 万年前，一颗巨大的小行星就撞击了地球。当时的人类远古祖先很幸运。

勿要过于简单

一个简单到足以被理解的宇宙未免太简单而无法产生能够理解它的智慧。

——约翰·巴罗（John Barrow）

要将高特的方法应用于人类，必须假设我们目前所处的并不是人类历史上什么特定时间节点。这个假设合理吗？我认为是的。

由于我们这个物种已经在地球上繁衍生息了 20 万年，因此，可以用“19 法则”来估测人类未来的生存时间，估算值最多为 380 万年，置信度为 95%。

这一估算值与哺乳动物物种寿命的生物学研究结果非常吻合。这些研究都是通过其他方式方法实现的。这一估算值也符合早期原始人类的数据：直立人的存在时间约为 160 万年，尼安德特人约为 30 万年。即使是强大的霸王龙也只存在了 250 万年就灭绝了。

14 克服时差

本章，作者讲述自己的生物钟因乘飞机而发生变化，并向我们描述如何快速倒时差

我最近读到一则头条新闻，题目为《伟哥有助于仓鼠摆脱时差问题》。文章报道说，生物学家迭戈·戈隆贝克（Diego Golombek）给用于研究的仓鼠服用伟哥作为早餐。然后，他用人工照明将光暗周期提前6小时。对于啮齿动物仓鼠来说，这就如同坐飞机从纽约到法兰克福。

与对照组相比，"伟哥"仓鼠的生物节律更快地适应了时间的变化。它们很快就恢复了日常生活习惯，一会在跑轮上跑，一会在稻草上休息。而未服药的仓鼠花了两倍的时间来倒时差。不过，服药会带来一些副作用——伟哥对仓鼠也有明显的勃起效果。

这一领域的研究仍处于起步阶段，也不知道这种方法还会带来什么其他反应，更重要的是，来自夜行动物——仓鼠的研究结果可以应用到人类身上吗?

虽然这些还未知，但我还是要祝贺迭戈·戈隆贝克在时差与性功能的接口上提出了有益的见解。他还因此获得了诺贝尔奖，当然不是正式的诺贝尔奖，而是一种另类的搞笑诺贝尔奖，每年由哈佛大学颁发，奖励那些本身很严肃，符合科学，但看起来很疯狂又稀奇古怪的研究成果。

顺便说一句，我是这些搞笑诺贝尔奖的粉丝。我最喜欢的是2000年颁给英国皇家海军的和平奖。为了降低演习成本，炮手们接到指示，瞄准后要对着麦克风大喊"砰！砰！"，而不是像往常那样互发空包弹。

要我说，这堪称典范。这种方法不仅适用于军事演习，也适用于所有作战行动。尽管相关英国士兵在接受采访时很尴尬，因为军队的这一规定会让他们成为“笑柄”，但是如果战争都以这种方式进行会不会就减少了伤亡?

言归正传，回到时差问题。时差问题是指两个时间系统相互角力。一个是我们的生物钟，它决定了所有身体功能的节奏；另一个是外部的物理时钟，它与地球自转引起的光的变化有关。时差意味着我们的内部时钟与腕表时间有所不同。

当我们跨时区快速旅行时，时差就会出现。向东飞行时，时差问题更明显些。如果我们在上午 10 点搭乘航班从法兰克福向西飞往纽约，8 小时后到达纽约时是中午，但我们的身体认为已经是 18 点了。如果我们在纽约当地时间 22 点上床睡觉，相当于平时直到凌晨 4 点才睡觉一样，因为比我们平时上床睡觉时间晚 6 个小时。这种时差情况，我们通常还可以忍受。

但是，如果我们 19 点从德国向东飞行，跨越 6 个时区，8 小时后到达印度孟买，在当地时间 22 点上床睡觉，这就相当于直到 16 点才上床睡觉一样，比平时整整晚了 18 个小时！可真够累的。

时差是一种仿佛喝了太多酒后第二天清晨那种宿醉的感觉。因此，德语中就有了“Zeitzonenkater”（时区疲劳）这个词。当我们的大脑意识到内外时间存在差异时，就会想调整内部时钟。

两个时钟之间存在时间差异，无法相互协调，因此扰乱了身体内所有过程的进程。这就好比在越障赛中，马已经在障碍物跑道上进行跳跃，而骑手才刚刚穿上马靴。尽管没有骑手的马仍然是骑乘马，但不在马背上的骑手只是一个人，一个与马有时间差的人。

快速跨越时区是进化论所没有预见的。时差绝非无害：经常旅行的人和三班倒工作的人患心脏病、肥胖症和糖尿病的风险更高。肿瘤在他们身上也生长得更快。

根据经验，如果不采取应对措施，向西每跨越一个时区，就需要一天的时间来摆脱时差困扰。对于向东飞行的航班，额外增加 30% 的时间来恢复。

原因是，如果跨越 9 个时区向东飞行，我们的身体不会将内部时钟向前调 9 个时区，而是向后调 15 个时区。因为我们的大脑发现将内部时钟往回调要容易得多。

调整内部时钟的任务是由 2 万个计时细胞来完成的。数学家们模拟这些细胞的昼夜节律模型，然后通过一个方程式计算得出它们同步时间的过程。研究人员发现，这些脑细胞是利用光线与外部世界保持时间的同步。

光线可以调整内部时钟，以适应昼夜节律。我们可以加快或减慢内部时钟的速度，即向前或向后调整。调整的方向取决于光线何时通过眼睛进入大脑。

一方面，光线必须足够明亮；另一方面，时间点也很重要，大约在核心体温最低的时候。最低核心体温会在内部时钟上的凌晨 3 点到 5 点之间出现。如果在凌晨 3 点之前的 6 个小时内接受强光，内部时钟的速度就会减缓；但是，如果在凌晨 5 点之后的 6 个小时内接受强光，内部时钟的速度则会加快。就这样，大脑被蒙蔽，它识别到的时间和正常的内部时钟时间是不同的。

晚上摄入咖啡因，应对时差干扰

光线通过重新激活那些本来想要休息的身体功能，使我们的身体产生一种假象，认为现在是一天中早一个小时的时候。乘坐飞机西行的人可以通过在飞机上喝咖啡来达到这种效果，而那些向东飞行的人，喝咖啡则会加重时差反应。

如果你想体验一下时差带来的感觉，又不喜欢长途旅行，你可以不乘飞机，而是通过周末在外面待到深夜的方式创造时差。到了星期一早上，当闹钟再次响起时，时差自然就会产生。研究表明，很大一部分年轻人在周一来到学校时都有所谓的“社会时差”，其反应3至5天才能消失，但也可能直到下一个周末才会消退，然后又会产生新一轮的社会时差。

时令转换与王位继承

夏令时也会导致微时差产生。不仅如此，从夏令时到冬令时的时令转换甚至可能打乱世界史。双胞胎中的一个可能在凌晨2点50分出生，另一个则要晚一刻钟出生，但实际上是凌晨2点05分。贝尔福勋爵认为，这种情况会颠倒本朝继承顺序和王位继承。因此，当时（19世纪），他反对在英国实行夏令时。

这里介绍几个可以对抗时差的小窍门：如果是西行，抵达目的地后立即适应当地时间。在抵达后直到晚上，将自己暴露在充足的光线下并保持清醒。另外，在飞行途中不要睡觉，高蛋白的餐食可以帮助你保持清醒。

如果是东行，那么在飞行途中睡觉是有益于克服时差的；摄入碳水化合物也会有帮助；在抵达后直到当地中午之前尽量避免强光照射；戴上太阳镜，甚至在飞机上吃早餐的时候也要戴着。从中午开始的 6 个小时内，尽量接受充足光照。

此外，不要在到达目的地后再去倒时差，而是在出发前 3 天就开始调整生物钟。例如，在向西飞行前，每晚晚睡 1 个小时，向东飞行则提早 1 个小时入睡。这样的话，在到达后就只需要去克服较小的时差反应。

在飞机上就应将腕表调到目的地时间。但是，如果往返行程只有几天，就尽可能保持出发地的整个生物钟节奏，这样就可以避免双倍的时差反应。

15 报税人的实用技巧

本章，作者讲述了德国审查纳税申报表的方式，并指出要避免哪些规避税收的行为

托本对数字很敏感。他邀请弟弟来跟自己玩一个奖金为 10 欧元的游戏。弟弟可以任选一本杂志，随机翻开一页。如果第一篇文章中提到的第一个数字以 4、5、6、7、8 或 9 开头，则弟弟获胜。只有在第一个数字是 1、2 或 3 时托本才会赢。

弟弟欣然接受游戏邀请。他估计自己的胜率是 2∶1。然而，游戏的过程令他很失望。最后，他的输率远远超过了 50%。他感到很困惑，这是巧合吗?

不!

那是为什么?

托本知道：9 个初始数字的出现频率差异极大。在 100 个随机选择的数字中，平均有 30 个（！）以 1 开头，18 个以 2 开头，只有 13 个以 3 开头，10 个以 4 开头，以此类推，以 5、6、7、8 开头的数字逐渐减少，直到以 9 开头的数字，只出现 5 次。

是的，你刚才没听错，我也没说错。这虽然很奇怪，但世界上首位数字小的数字要多得多。这就是数字宇宙中的一个神奇属性：本福德定律。

一百年前，工程师弗兰克·本福德（Frank Benford）就注意到了这种不均现象。他对此非常着迷，于是检查了数以千计的数据集，例如河流的长度、湖泊的面积、名人的门牌号、自然常数等。不论在什么领域，

他都发现了同样的首位数字分布不均的现象。

如果你还是无法确定这是不是真的，那就自己试一试吧。举一个任意的四位数，比如4837。在这个数字前面加上数字1到9。得到的数字分别是14837、24837直到94837。利用谷歌搜索每个数字。除了一些小的随机波动，总的来说，你会得到非常不平均的本福德分布频率。太奇妙了，不是吗？“平等专员”在数字方面似乎表现得相当不好。

解释起来比想的要简单：对于所有被测量、称重和计算的东西来说，从1到2的路径是最长的。1必须翻倍才能变成2。

以一支价格为100欧元的股票为例。价格的开头数字是1。为了离开以1开头的数字，股票的价值必须翻倍。它必须增长100%，才能挺进从200欧元开始的以2开头的数字范围。从200欧元开始，它只需要增长一半，即50%，就会上升到300欧元，即以3开头的数字范围。如果价格是900欧元，只需增长约11%，就能达到1000，重新进入以1开头的数字范围。因此，在随机的涨跌中，该股票在不同的数字范围内停留的时间也会不同。

《圣经》早在本福德之前就知道本福德定律

《圣经》中的数字也遵循本福德定律。在这方面，《圣经》比它所处的时代还要领先两千年。而圆周率 $\pi=3.14\cdots\cdots$ 情况则不同。《列王纪上》第7章23节经文提到圆周率 π 的近似值为3，这使《圣经》在这方面落后于早就将圆周率推算到了更接近分数25/8的古巴比伦人。

利用本福德定律可以做些什么吗?

是的，可以。

我们可以用本福德定律来验证数据的真实性。数据分析师十分信赖本福德定律。不符合本福德定律的数据很可能是错误或者被窜改过的。美国和欧洲的许多税务机构都会利用本福德定律来检查人们的财务数据。纳税申报单如果不符合本福德定律，就是可疑的。

金融专家马克·尼格里尼（Marc Nigrini）是第一个认识到这一点的人。他开发了一个可以检查报税单是否符合本福德定律的软件。该软件堪称会计领域的测谎仪，他把大量现存造假报税单输入软件作为数据库。在检测时，一遇到某种造假情况，软件就会发出警报。

当然，软件发出警报并不能确凿地证明存在税务欺诈。但这足以成为去探寻原因的理由。如果一个数据集本该符合，实际上却不符合本福德定律，那么就有必要问问为什么会这样了。

例如：美国银行向税务局报告的支付给客户的利息符合本福德定律。然而，客户自己报告的已收利息金额却不符合。这种情况说明某些地方肯定出了问题。

甚至有新闻报道称，历史上美国总统竞选时有些竞选人在选区的计票统计也不符合本福德模型。这很可疑，因为合理合法的选举结果应该符合这一定律。到底如今说的是假新闻，还是当年的是假数据呢?

本福德定律可以创造财富吗?

本福德并不能为我们提供彩票中奖的秘诀。彩票号码不符合

本福德定律的规律。因为它们不是什么真正的数字，而是从彩票转动机中掉落的球的标签。这些球其实也可以标上狗、猫、海狸等字样。

报纸上的数字是一种数据混合体。我们可以设想一个大表格，将所有不符合本福德分布的数字输入其中，例如车牌号码、彩票号码、身高等。即使是这些数字的混合体也会成为本福德定律的一个美丽验证。在这里，数字 1 仍然是首位数字的王者。

本福德定律甚至可以用来检验预测，例如人口普查数据。这些数据可以经过“本福德输入 / 本福德输出”来验证。人口数据符合本福德定律，人口发展预测数据也应如此。如果不符合，则应对预测模型提出质疑，或者丢弃不用，因为其最终产物是数据垃圾。

要注意，这种分布不均并不限于首位数字，其他位数也存在这种情况，只不过不那么明显。由此可见，要想悄悄地伪造数据是相当困难的。操纵数字就会干扰数字结构，频率会发生变化。在处理数据集时，不仅要考虑首位数字，还要考虑其他位数。

如果数据造假者将数据调整得太精确以符合他们的预期属性，就会使数据变得很可疑。随机散布也有其存在的合理性，散布程度不应太小。如果之前你认为随机性使一切变得模糊不清，那么随机性可能也会对这种想法加以反驳，因为，巧合也是有规律可循的。它也有特性，并蕴含一定模型，甚至遵循一定的规律。数字技术监督协会（Zahlen-TÜV）可以检查出一切问题。

让虚假数据看起来真实是一门艺术。要完成一个毫无破绽的税务骗局并不容易，这需要将自己的工作能力全心投入的人才能做到，因为数字大师可没那么好骗。

人们通常不太擅长伪造数据，甚至不擅长让数据看起来是随机的，因为随机不等于随意。随机是指具有某些特征而不具有其他特征。

下面是我讲课中举过的例子。我要求学生如是操作：如果他们母亲的名字以字母 A 到 M 开头，他们要抛掷 200 次硬币，每次记录 1 代表正面，0 代表反面。如果名字以字母 N 到 Z 开头，那么他们要凭直觉而不使用硬币写下一个随机的 0 和 1 的序列。在下一节课中，我收集了数字序列。在快速查看后，我便可以判断出这是虚构的还是真实的硬币投掷序列。

我只关注一个特性，即 0 或者 1 是否在某处连续出现 6 次。因为，如果一枚硬币抛掷 200 次，那么正面或反面连续出现至少 6 次的概率为 95%。然而，那些编造数据的人往往不敢加入如此长的连续序列。

结论：不要在纳税申报表上做手脚。

16 别太在意朋友的人缘比自己好

本章，作者告诉你，如果朋友人缘比你好，比你有更多的朋友，在这种情况下如何能让自己更潇洒地生活

安东尼奥在脸书（Facebook）上有245个好友，但他其实并没有多高兴，因为他发现自己的脸书好友中有80%的人比自己好友还多，平均达到359个好友。然而，如果有典型的“普通”脸书用户，安东尼奥算是一个。以他所拥有的好友数量来看，他正好是平均水平。

虽奇怪，却是事实。而且这并不仅限于脸书好友。就现实生活中真实的朋友而言，也是如此：

我们的朋友往往比我们有更多的朋友！

1991年，社会学家斯科特·菲尔德（Scott Feld）发现了这一现象，并将其称为“友谊悖论”。但这不是什么社会学问题，而纯粹是社交网络的数学特性。

我们都是社交网络中的一分子。你自己的圈子以你为中心。你的社交网络包含朋友以及朋友的朋友，还有朋友的朋友的朋友。如你所见，这样的社交网络很快就会失控。你和我可能也是八竿子打不着的朋友关系。

我的追随者，你的追随者

在猕猴中，谁的朋友最多，谁就是猴王。一群猕猴总是在某只成员的倡议下开始行动。一只猴子站起身，走几米，观察同伴

在做什么。另一只猴子也可能站起来，朝不同方向迈几步，这只猴子成了另一个候选者。然后，猴群中其余猴子在两只猴子后面排成一排。谁拥有最多的追随者，谁就是猴王。这就是猴群中的民主。

为什么你的朋友平均而言比你有更多的朋友呢？原因在于一种简单的“错觉”：如果某人有很多朋友，那么他与你成为朋友的可能性就会比朋友少的人大得多。

明白了吗？

这一点在极端情况下尤为明显：社交网络中也有没有朋友的人，这样的人与你成为朋友的可能性为 0；而一个与所有人都是朋友的人与你成为朋友的可能性是 100%。因此，一个人的朋友越多，你出现在他朋友圈中的可能性就越大。这就是我们所感受到的社交网络如此不真实的原因。

可怕吧？

是的！

研究表明，我们在很多方面都喜欢去和朋友比，比如职业、收入、伴侣，还有人气和朋友数量。甚至有一项研究认为，觉得朋友比自己的朋友多是造成抑郁症的一个风险因素。那些深受其扰的人应该记住：这不表示你缺乏人气，而是所有社交网络的数学特性而已。这么说能让你感到一些宽慰吗？

如果没有，那就换个角度看问题：

平均而言，你的敌人比你有更多的敌人。这么说来是不是感觉好些了？

虚假朋友

2012 年，当一位心理学家在电视上说“脸书好友不是真正的朋友”时，脸书的股价在股市上一落千丈。

请记住：只要身处社交网络之中，你的视角就会不真实。因为你只能从自己的角度观察社交网络，而不能从高处鸟瞰，于是你的观察就会有失真的成分。

这是一种人生智慧。它不仅适用于朋友和敌人，而是放之四海皆准。我们在感知现实的同时，会歪曲现实。现实并不以一种有代表性的、歪曲的方式展现在我们面前，现实给观察者设置了陷阱，并且无处不在。

以候车为例：附近有一个公交车站，你知道平均每 10 分钟就有一辆公交车驶离。如果你在某个时间点去公交车站，你能将这个时间跨度的一半，即 5 分钟，算作等待时间吗？

我知道你会说不行。

你是对的。如果你回答“可以”，那么你就又一次成为歪理的受害者。公交车之间的时间间隔各不相同。有时短于 10 分钟，有时长于 10 分钟。间隔时间越长，你就越有可能在这段时间内到达，平均候车时间就越长。作为等候者经历较长的等待时间在生活中占比很大。

再比如，贡特尔老师问学生家里有多少个孩子。他把平均值作为每个家庭平均子女数量的估值。于是，贡特尔老师也落入了观察者的陷阱，因为在他的调查中，孩子少的家庭占比偏低，没有孩子的家庭甚至根本就没有出现。因此，贡特尔的平均值太高了。

再看蒂娜，她参加了成人教育中心的一个课程。广告手册上说，每节课平均有 50 名听众。但听课者所感知的却有所不同，他们认为听课者平均人数要多得多。

令人惊讶的是，两者皆对。假设只有两门课程，一门有 90 名学员，一门有 10 名学员。那么，从学校的角度来说，课程平均学员数为 50 人。但是，如果你问所有学生他们所选课程的学员规模，那么其中 90 人会说 90，10 人会说 10。这 100 个数字的中位数是 82，要比 50 大得多。

年龄方面也存在失真现象。在德国，女性平均寿命为 82.2 岁。但是，如果一个女人已经 80 岁了，那么她的寿命可能会比普通女性的更长。事实上，根据统计数据，她的寿命还有 9.3 年。之所以如此，是因为一个 80 岁女性不可能再在低于 80 岁的年龄死亡，这就提高了寿命的平均数。80 岁老人因为已经达到更高的年龄，其预期寿命会被扭曲。

观察的陷阱以多种形式出现，例如，以友谊悖论、等候悖论、年龄悖论，最终以悖论的悖论的形式出现。其中绝大多数被称为悖论的东西其实并不是真正的悖论，而只是一个让数学外行感到惊讶的数学事实。

友谊悖论用处很大，它可以用来预测流感疫情。这是医生尼古拉斯·克里斯塔基斯（Nikolas Christakis）和詹姆斯·福勒（James Fowler）的研究成果。他们之所以想到用这个办法来预测流感疫情，是因为朋友多的人感染流感的风险更大。他们两人也是最早受到流感疫情影响的那批人。

克里斯塔基斯和福勒开始寻找朋友多的人。通过问卷去调查很耗时耗力。但利用友谊悖论，问题就会迎刃而解。

首先，收集具有代表性的人口样本；然后，要求样本中的每个人列举出三个朋友；接下来，对“朋友组”的流感发病情况进行研究。平均而言，“朋友组”比初始“随机组”提早两周出现病症。“朋友组”形成了流感爆发的早期预警系统，人们提前两周了解到流感发病情况。这对相关机构来说非常有利，他们可以利用这两周时间来加强流感药物及相关物资的生产和分配。

以前，如果谷歌搜索中突然出现数千万与流感相关的查询，医疗卫生部门就会根据谷歌趋势来判断流感疫情。然而，这只能提供该流行病发展现状的信息，无法成为预测未来流行病传播形势的早期预警系统。

如果你对流行病不感兴趣，也可以利用友谊悖论为生活多制造一点乐趣，例如，查找时髦打卡地。一些很酷的聚会场所，总是先被时髦人士发现，在大众发现这些地方后，这些时髦人士就不会再去那里。

要找到这样的地方，不要只相信你自己的耳闻，你可以利用自己的朋友圈，要求你的朋友们也利用他们的朋友圈，打听现在热门的打卡地。现在你就会知道，你的朋友比你有更强大的关系网。他们也因此成为新兴时尚的先驱。

关于朋友就说这么多。希望本章内容不会太长或太无聊，而使我失去一些朋友。

17 比轮流更好的办法

本章，作者解释了轮流做事并不公平的原因，并建议了如何对其加以些许改变，使之对每个人都公平

多萝塔是一对孪生兄弟的母亲。这对兄弟看起来几乎一模一样，衣服一样，发型一样，重要的一点是，妈妈对待他们两个一视同仁。

多萝塔为他们烤了 8 个松饼，点缀各异。这对双胞胎要平均分配这 8 个松饼，但是他们立刻起了争执。多萝塔说：“那就轮流选择吧。”建议不错，但妈妈话音刚落，双胞胎就同时喊道：“我先来。”最后，他们还是用抛硬币来决定谁先选，然后再换另外一个选。

现在两人都很满意，至少暂时看起来是这样的。

抽签与轮流相结合。还有什么比这更公平的呢？古往今来，人们都是利用随机和轮流来建立公平。

足球中的点球大战就是很好的例子。裁判抛硬币，谁猜赢谁就可以决定自己的球队是否先射门。然后再轮流射门。先各自派 5 个球员来踢点球，如有必要，则以同样的顺序执行，直到有一方在 1 个点球回合中得分而另一方没有得分。长期以来，点球大战的公平性没有受到过质疑。

点球专家帕拉西奥 - 胡尔塔（Palacios-Huerta）分析了数千次点球大战，他的结论是，先射门的球队在 60% 的情况下都能获胜。这不公平！体育运动中，在相同的竞技实力下，这么一目了然的不平等现象并不多见。

乍一看，点球大战中获胜机会的巨大差异令人惊讶。但原因其实很简单。多年来，平均 3/4 的点球都被罚中得分。因此，后踢的球队通常必须追平差距，这给他们带来了心理压力。后罚点球的射手的罚球命中率比先踢球队的射手的约低 4%。这就是统计学上所说的心理劣势效应。5 轮点球大战后，这 4% 的劣势会升为 20% 的劣势。

因此，点球大战有一个非常明确的基本规则，即在有选择的情况下，选择先踢。在对球员的问卷调查中，95% 的球员确认他们会这样做。被问及原因时，他们表示是想给对方施加心理压力。这正是点球心理学。

只有在极少数情况下，球员们才会做出相反的决定。在 2006 年意大利对阵法国的世界杯决赛中，加时赛后比分为 1∶1。主裁判奥拉西奥·埃利松多（Horacio Elizondo）掷硬币，詹路易吉·布冯（Gianluigi Buffon）赢了。这时，电视画面显示了他的困惑。他犹豫不决，搓手顿脚。最后，他说："我先来。"但布冯是意大利门将，他先上场，意味着法国队先射门。仅凭这一点，法国队就比布冯的球队多出 20% 的机会。万幸的是，他当时错误的决定没有导致不好的结果。意大利克服了统计数据所显示的劣势，以 5∶3 获胜。

多萝塔的双胞胎之间仍气氛融洽。在掷硬币中，蒂姆（Tim）赢了，他先拿了一个松饼。然后轮到基姆（Kim）选松饼，然后蒂姆，然后再基姆。当然，这里不存在点球大战的心理因素。但出现了另一个问题：基姆注意到，每一轮他都得让着蒂姆。二人在每一轮选择中，蒂姆都是先选，然后是基姆选。如果不是 8 个松饼，而是 8 笔不同金额的钱，蒂姆在每一轮中都可以拿到更多的钱，而基姆在每一轮中都处于劣势。轮流选择并不公平。

那怎么办?

在点球大战方面，人们提出了一些改进建议。例如，让两名球员在每一轮中都同时射门，毕竟，一个球场有两个球门。心理压力从而得以均衡，但对观众来说，如此这般，点球大战就失去了魅力，因为他们不得不把注意力分别放在两个球队上。

另一个建议是采取追赶机制。同样，第一轮的顺序由抽签决定。如果一名射手在第一轮中射中，而另一名射手没有射中，没有射中的队伍则成为下一轮的第一射手。如果两人均射中或均未射中，则该轮首先射门的射手成为下一轮后射门的射手。数学理论可以证明追赶规则是公平的。

网球比赛中的平局决胜制又有所不同。如果一局比赛结束后比分是6:6，那么选手将以第13局的发球开始决胜局。然后他的对手有两个发球局，如此交替进行，每方总是有两个发球局。最先得到至少10分并领先2分的一方获胜。这一规则也保证了双方在实力相当的情况下机会均等。这一点得到统计数据的证实。

当然，平局决胜制并不完全适用于多萝塔松饼分配的例子。不过，公平可以以不同的方式建立。谁先拿松饼还是由抽签决定。蒂姆赢了，他选了一个松饼。然后由基姆选择。第一轮是这样的：蒂姆（T）先，基姆（K）后。

现在，每一轮的顺序都可以颠倒过来。这样就不是轮流进行，而是在交替中轮流：TK、KT、KT、TK、TK、KT……，方法进步了，用的是二阶交替法。但是，无论以何种方式轮流选择，从根本上说都是不公平的。

我们需要更好的方法。

接下来要说的这个想法屡试不爽，不止是适用于点球大战和选松饼的例子。蒂姆在掷硬币中获胜后，第一轮，即TK被确定下来。如果这个顺序对于两人谁先谁后掷硬币有优势的话，那么当这个顺序在下一轮被颠倒时，这个优势就会发生逆转，结果就是 KT。

如果这样的顺序仍然对一方有利，那么在接下来的 4 轮中，可以通过反向顺序——KT、TK 来扭转这种局面。这样，我们就得出了 TK、KT、KT、TK。之后继续遵循同样的模式。现在，在接下来的 8 轮加入反向序列，然后在接下来的 16 轮再次加入反向序列，以此类推。于是，我们得到的结果是 TK、KT、KT、TK、KT、TK、TK、KT……

这既不是轮流，也不是在交替中轮流，而是在交替中轮流交替……不停地循环交替。这被称为平衡轮流，但已不再是真正的轮流了。

为了充分挖掘其公平方面的潜力，这个过程必须经过 2 轮或 4 轮或 8 轮这样的偶数次。这种轮流交替是数学中最著名的序列之一，是具有许多有趣特性和应用的 Thue-Morse 序列。

蒂姆、基姆和维姆

如果是三个孩子呢？比如蒂姆、基姆和维姆。通过抽签确定好 1、2、3 的顺序，首先是蒂姆，然后基姆，最后维姆。三人平衡轮流的结果是：

蒂姆、基姆、维姆、维姆、基姆、蒂姆、维姆、基姆、蒂姆、蒂姆、基姆、维姆……

自相似性是其重要的属性：如果 Thue-Morse 序列延续到无穷大，然后间隔地抽取字符，那么保留下来的就正好是 Thue-Morse 序列。

该序列还是免重叠的：字母 T 和 K 的固定模式不会连续出现三次，

这避免了字符的重复。因此，作曲家们利用音序将重复和变化完美地结合起来也就不足为奇了。

珀尔·纳尔戈尔（Per Norgard）就是这样的一位作曲家。他为一个打击乐合奏创作了音乐，乐手们以不同的速度演奏 Thue-Morse 序列的音乐，这样的演奏方式最能体现字符串的自相似性。

比一左一右更好的办法

对于一艘八人艇来说，如何将船桨安排在左右两边是个问题。船在水中应尽可能保持稳定。特别是偏航，即每划一下桨，船都会出现向一侧略微偏出的趋势，应加以控制。一左一右的船桨排列并不是最好的解决方案。更好的办法是采用意大利式船桨排列（译者注：这种桨手排序方式通常用于八人艇。领桨手单桨向左，接下来两位桨手划右桨，之后的两位桨手划左桨，再之后的两位划右桨，最后一位划左桨），它完全符合 Thue-Morse 序列的左右顺序。

结论：谨防轮流，因为这并不公平，应废除。而平衡轮流更可取。

18 将无知巧妙地转化为知识

本章，作者展示了无知有时候比知识渊博更有利，以及如何避免误信半真半假的谎言

有句谚语说：“农民不吃不识之物。”这句话描述了偏好已知而拒绝未知的法则。这句话最初只在谈到食物的时候才说。但对有些人来说，它则是人生座右铭。

经过深思熟虑所做的决定要花费大量时间，需要付出很多努力。而在日常生活中，人们往往没有足够的时间做这些努力，也可能因为缺乏信息导致问题难以评估。在这种情况下，良好的经验法则是理想的选择。它有助于我们快速评估问题并找到解决方案。

众所周知，农民有他们的精明之处，尽管大家通常认为他们的知识并不渊博。因此，人们可能会认为，他们的经验法则太老套。根据这些法则所做出的决定可能并不理想。至少比不上根据知识所做出的决定。

奇怪的是，事实并非总是如此。因为在知识方面，有时会出现“少即是多”效应，即有些问题用较少的知识就能得到更好的解决。

你不相信吗？

那么请想象一下自己在玩“打破砂锅问到底”（Trivial Pursuit）——一种棋盘问答游戏。游戏进行到某一时刻出现了这一问题：“圣地亚哥和圣安东尼奥这两个城市中哪个城市的居民更多？”

这正是教育研究者格尔德·吉仁泽（Gerd Gigerenzer）向众多美国和德国大学生提出的问题。

对这个问题你会给出怎样的答案呢?

不可以不回答。即使你不知道，也要给出一个答案。如果你是美国人，估计你有很大的机会做出正确的回答。事实上，62% 的美国受访学生给出了正确答案——圣地亚哥。

如果你不是美国人，那这个问题可能就比较难了。因为大多数非美国人可能对圣地亚哥知之甚少，也从未听说过圣安东尼奥。令人惊讶的是，当慕尼黑的大学生被问到这个问题时，所有人给出的答案都正确，正确率百分之百。

慕尼黑大学生对美国城市的了解远不如美国学生，怎么可能百分百回答正确呢?

非常简单。德国大学生会利用一种简单的经验法则，为了向农民致敬，我想称其为“农民经验法则”（Bauern-Faust）。如果你知道一个城市的名字，但对另一个城市的名字却一无所知，那么就可以断定已知城市的人口更多。

有道理。因为人口越多，这个城市因居民的活动被媒体报道的机会也就越大。而这个机会越大，我们从媒体上了解到关于该城市的信息就越多。统计学家认为，人口数字和媒体报道之间呈正相关。

全新的“无知学”

1995 年，斯坦福大学的罗伯特·普罗克特（Robert Proctor）提出了一门新的科学：“无知学”（Agnotologie）——关于“无知”的学说。无知学研究的问题很多，例如为什么要

知道我们还不知道的东西？无知何时是有益的？如何保持或重建无知？我最喜欢的“无知论”是，真理就是真的，无论它源于“知识”还是“无知”。

更具体一点儿来解释“农民经验法则”：如果你只知道几个对象中的一个，那么这个已知对象就具有更高的“值”。上文问题中的“值”就是人口数字。由于德国大学生只听说过圣地亚哥，所以他们都给出了正确答案。他们不自觉地运用了“农民经验法则”。美国大学生则无法运用这一经验法则，因为这两个城市他们都听过。他们知道得太多了。太多的知识破坏了“农民经验法则”。

如果你只听说过一个对象，并且识别该对象（即上述城市名称）与要估算的“值”之间存在关联，那么“农民经验法则”就会奏效。

心理学家发现，“农民经验法则”在很多情况中都适用，例如体育比赛。一项研究分析了对温布尔登网球锦标赛获胜者的预测情况。网球业余爱好者用“农民经验法则”进行预测，正确率达73%。而根据运动员成绩排名进行的预测只达到66%的正确率。根据种子选手名单进行预测的正确率介于两者之间，为69%，毕竟，这种名单是由专家列出的。

凭借“一知半解”这个武器，业余爱好者的预测结果最准确。有趣的是，许多业余爱好者甚至对一些网球选手的名字一无所知。“农民经验法则”将这种知识劣势转化为认知优势。“农民经验法则”靠的就是一知半解。拥有知识并不能保证得出正确判断。一知半解可能比“见多识广”更有优势。“农民经验法则”在网球运动中之所以行之有效，是因为球员名字的流行度与其比赛实力之间有着密切的关系。

把稻草纺成金（译者注：出自《格林童话》）

对我们每一个人来说，我们不知道的事情都在以惊人的速度增加。因此，让我们学习一些经验法则，将无知转化为知识吧。

还有一项关于购买股票的研究。在研究中，几百名股票外行作为受访者需要回答他们都知道哪些上市公司，然后从至少 90% 的受访者都知道的公司股票中整理出了一个股票组合，另一个股票组合则由金融专家整合而成。然后研究人员将股票组合的盈亏与德国 DAX 指数进行了比较。

外行人的股票组合方案比 DAX 指数好，且不逊于专家的股票组合方案。缺乏金融知识的门外汉凭借掌握的“农民经验法则”，也能与掌控看似高端专业知识的专家相媲美。

“农民经验法则”是一种抉择辅助工具。以方济会修士威廉·奥卡姆（Ockham，约 1285—1349）的名字命名的奥卡姆剃刀定律也是如此：

在对同一事态的两种解释中，选择更简单的解释。如果一种解释所依据的假设较少，那么这个解释就更简单。

如果一只凤头鹦鹉突然飞进我的阳台，我可以用不同的方式对此加以解释。例如，我可以假设，由于相对论中所说的时空连续体中产生的扭曲，凤头鹦鹉通过量子隧道效应从它遥远的家直接被传送到我的阳台上。好吧，这么解释是很牵强！

我也可以假设，附近动物园里有一个异域鸟类的围场，在喂食时有一只鸟飞跑了。

这两种解释都不是不可能，但第二种更简单，也更接近真相。

奥卡姆剃刀定律是一个区分理论是否合理的准绳。如果一个理论较少使用假设，那么它就更合理。这并不一定意味着它就是正确的。但这个理论却是第一个人们会用进一步的方法进行仔细检验的理论。奥卡姆的经验法则可以用这样一个事实来证明：大自然总是会在两条可能的道路中选择最简单的那条。

众多哲学家都支持奥卡姆剃刀定律，伯特兰·罗素（Bertrand Russell）就是其中之一。伊曼努尔·康德（Immanuel Kant）则奉行多样性原则：

如果三个事物不足以解释一件事，那就必须再增加第四个。

两者并不矛盾：奥卡姆剃刀定律适用于可以解释同样多问题的理论。解释更多问题的复杂理论比解释较少问题的更简单的理论更受欢迎。例如，爱因斯坦的相对论虽然在数学上比牛顿的力学更复杂，但它可以解释更多问题。

此外，不仅人类使用经验法则，动物也是如此。老鼠就是一个很好的例子。它们在进食时格外小心，这是因为它们不具备呕吐的能力。食物一旦进入胃里就吐不出来了。挪威研究人员发现，老鼠更喜欢它们熟知的食物，就算只是从其他老鼠的呼吸中闻到过这种食物，也要好过从未接触过的食物。它们使用的就是“农民经验法则”。因此，经验法则的版权不属于农民，而是老鼠（译者注：作者之所以这么说，是因为世界上先有鼠，后有人）。

19 出行有风险

本章，作者谈到出行的风险。他解释说，尽管最安全的出行方式可能无法让你到达度假目的地，但次安全的方式也许可以

《联邦差旅费用法》中写道："如果公务员在出差期间死亡，出差任务即终止。"须知：逝者不必再履行任何公务职责，毕竟，就像《联邦国防军战斗部队条例》所告知的那样，"死亡是无行为能力的最严重的形式"。我们以此走进本章主题：出行、风险和死亡。

我们面临的风险指数高低取决于我们对风险的热爱或规避的程度。比如刚才提到的公务员，他们谨慎小心，因此途中发生的事故低于平均水平。所有保险公司的数据都表明了这一点。因此，保险公司给予公务员10% 的保费折扣。

我们都凭感觉来评估风险，但感知的风险往往与真实的风险不同。还记得 2001 年"9·11"事件吗，当时两架被恐怖分子劫持的飞机撞上了纽约世贸中心的塔楼。3000 多人死亡。在那之后，许多美国人都害怕乘坐飞机。大批人在出行时从乘飞机改乘汽车。结果，第二年死于道路交通的人数增加了 1600 人。而在空中交通方面，死亡人数仍保持在较低水平。

再举一个例子：你害怕鲨鱼吗？请想一想，每年只有 12 人被鲨鱼咬死，这是针对全球的统计。然而，2007 年，仅在德国，就有相同数量的人在"安全"的游泳池中溺亡。

所以，游泳池比鲨鱼更危险。鲨鱼不属于我们的日常生活，游泳池却是，尤其是在夏天。普通的一天有多大风险呢？这取决于这一天我们是在道路行驶中度过，还是作为病人在医院里度过，抑或作为旅行者在风险地区度过。

有一种用来测量风险的计量单位叫微死亡，我们之前已经提到过这个概念。英国风险研究专家大卫·斯皮格尔哈尔特（David Spiegelhalter）对其加以巧妙地利用。如果一项活动在实践时死亡概率为百万分之一，那么这项活动的风险为 1 微死亡。1 微死亡是一个 25 岁的人活不过普通一天的概率。

德国总人口所面临的平均风险可以通过每日死亡人数计算得出，死亡人数必须与总人口相关联。2016 年，约有 100 万人死亡，这刚好是科隆市的人口数量。德国人口 8100 万，这意味着在一个普通日子里一个普通公民的风险为 34 微死亡。

如果这个普通公民出行，则要看出行方式。在风险累积到 1 微死亡之前，他使用各种交通工具能到达多远的地方呢？

乘飞机的话，可以到达 12000 千米以外的地方；乘火车为 10000 千米；开车自驾为 500 千米；骑自行车只达 30 千米；而如果步行，则为 25 千米；骑摩托车为 10 千米。还有一种增加风险的活动：划独木舟。仅仅划行 6 分钟，风险就达到了 1 微死亡。而每次跳伞所增加的风险甚至可以达到 8 微死亡。

从这个简短的列举中可以推断出，飞机是最安全的运输工具。这不完全正确，因为电梯也是一种运输工具，它比飞机更安全。在德国，平均每年只发生不到 1 起电梯死亡事故。只有在乘坐 100 万千米的电梯之后，才会产生 1 微死亡的风险。

遗憾的是，电梯并不适合用作交通工具以到达度假目的地。如果你想在飞机、火车和汽车之间做出选择，那么就选飞机吧，它是最安全的选择。在我最近乘坐的一次航班上，一位飞行员在着陆后通过机载麦克风说：“祝您度过愉快的一天，注意安全。因为您在我们的飞机上已经历了旅程中最安全的部分。”

生命从一开始就是一场旅行。分娩是一次由内至外的旅程。对于我们绝大多数人来说，这是我们经历过的最危险的事情。对于新生儿来说，这段旅程的风险值高达 5000 微死亡。

相对来说，产妇剖宫产的风险值为 170 微死亡，搭桥手术的风险值估计为 16000 微死亡，而攀登珠穆朗玛峰的风险值则不会少于 35000 微死亡。我们再看看生命尽头的情况：在德国，每年有 15 万人试图自杀，其中 1.1 万人自杀成功。每一次自杀尝试，经估算都产生约 75000 微死亡的风险值。每一次珠峰探险的风险值都不到自杀尝试风险值的一半。

那么，有人可能会提出如何测量生命值的问题。我自己从不会考虑这个问题，但政府机构因为所负职责而必须考虑这个问题。对交通事故遇难者家属的赔偿就属于这种情况。在德国，这属于联邦公路研究所的职责范围。

该研究所为此专门设计了一种方法，该方法依据的是死者的生产潜力。通过对所有职业群体进行平均计算，确定死亡事件给社会带来的损失，该值为 120 万欧元。

这被称为人的金钱化，听起来非常冷酷无情。类似的事情不止在德国有。在上沃尔特（非洲），娶一个新娘需要花费 6 头牛，在也门需要 36 头牛和至少 1 把卡拉什尼科夫冲锋枪。这听起来真是太可怕了。

一个生命的微死亡值为 100 万时，有关部门的估价为 120 万欧元。这笔金额也会被纳入成本效益分析中，以确定一些政府举措措施是否值得，如交通规划。如果通过这些措施可以拯救一个生命，那么花费高达 120 万欧元也是值得的。

保险公司在确定保险费时也使用这种计算方法。人们可以从保险公司对既成损失的赔付中总结出，他们如何评估特定活动以及特定物品的价值。显然，如果有人避免了百万分之一的死亡风险，即避免了 1 微死亡，他们对此的估值是 120 欧分。

这与你的评估相符吗？或者反过来问：你可以为了多少钱而将自己置于额外的 1 微死亡的死亡风险下？你会为了 120 欧分这样做吗？反正我不会。

下面与此相关的情况也很有趣：一家杂志社曾经调查了大量的德国人，问他们是否愿意为了 100 万欧元提前一年去世。30 岁以下的人，有 30% 的人回答愿意；而 50 岁以上的人，只有 10% 的人表示愿意。

人们对自己生命价值的评估各不相同。我们通过问一个人愿意付出多少钱来降低死亡风险可以得知，生命于他而言有多大价值。假设一个 25 岁的人愿意支付 5 欧元，将一天的死亡风险降低到 0，这意味着，他认为自己的整个生命价值为 500 万欧元。一个 90 岁的老人为了多活一天愿意支付 1000 欧元，这意味着，他认为自己的整个生命价值为 200 万欧元。

生物周期

60 年前，6 岁的罗兰·热内弗（Rolande Genève）在法国伊泽尔的花园里种下了一棵橡树。昨日，7 月 3 日，橡树倒下，

夺去了罗兰的生命。

——《镜报》1994 年 7 月 4 日

生活中的一切都存在风险，甚至是享受炭烤香肠时也会面临风险，因为亚硝胺有致癌风险，100 根这样的香肠就会构成整整 1 微死亡的风险分量，这是我 7 年吃掉的烤肠数量。说实话，我不想错过它们的美味。这是可接受的风险吗？我想是的。不过，我也不敢确定。

我可以确定的是，这个世界上没有确定的事，正如约阿希姆·林格尔纳茨（Joachim Ringelnatz，20 世纪初德国著名的诙谐诗歌作家和画家）所说的那样。甚至连这句话也是不确定的。

20 快速拯救生命

本章，作者告诉我们，你和你的宠物都有一种与生俱来的数学意识，以及如何利用这种数学意识来拯救生命

在此，我们说说艾维斯（Elvis）的事。不过，此艾维斯可不是大家熟知的传奇明星猫王，而是一只威尔士柯基犬。这里讲述的是，当一只狗成为数学家的狗时，会发生什么。这里的数学家是生活在密歇根湖附近的蒂姆·彭宁斯（Tim Pennings）。他几乎每天都会带着狗去湖边散步。

艾维斯最喜欢的消遣活动就是捡树枝。有一天，蒂姆·彭宁斯观察到一个令人惊讶的现象。当他和艾维斯一起站在湖边，把木棒斜向前投入湖中时，艾维斯本可以直接跳进水里并向着木棒游去，但它并没有这样做。

艾维斯也可以先沿着水边跑，直到和木棒处于同一水平线上，然后垂直向着木棒游去。但它也没有这样做。

这是为什么呢?

实际上，两者本来皆是不错的选择。第一种情况是最短的路线，艾维斯直线游向木棒；第二种情况是水中最短路线，选择这条路也有道理，因为艾维斯游泳速度慢，而跑的速度则快得多。因此，游得越少越好。

但是，艾维斯选择了第三种方案。它沿着水边全速奔跑了一段距离。然后在某一处跳入湖中，斜着（！）游向木棒。

这真是太棒了。因为如果要尽快到达目标，这绝对是最佳策略。当然，对于艾维斯来说，关键是在水边找到正确的点，然后跳进水中并朝木棒游过去。对于数学家来说，这属于优化问题，没那么容易，需要用到高等数学知识。

令人惊讶的是，蒂姆·彭宁斯通过实验发现，艾维斯总能很准确地找到正确的位置。有一次，为了数学研究，他扔了3个小时的木棒，记录下35个测量点，艾维斯总是会站在正确的点的附近。

这只狗表现得好像懂得微积分的精密性。当然，它不可能懂。但以其所作所为得出的结果与经微积分计算得出的结果相同。它是凭感觉在进行数学运算，对最佳运动过程有第六感。

当蜘蛛织网能力不佳时

除了狗，还有很多动物物种都有数学感知，就连那些大脑细胞很少的动物也有，比如车轮蜘蛛。它们构建蜘蛛网的网眼，使得每个部分的高度和宽度都保持相同的比例。它们的大脑肯定具有计算比例的能力。

药物会影响这种能力。如果给蜘蛛吃兴奋剂，它们会以极快的速度织网。但是它们织网时急躁慌乱，以至于网中会有很大的空隙，因此无法使用。如果喂它们大麻，它们就会如平常般开始织网，但很快就会停下，一动不动。在咖啡因的作用下蜘蛛只会吐出杂乱无章、碰巧连接在一起的线，织出来的网完全无用。

我们人类奔跑的速度也远远超过游泳的速度。我们也天生具有数学感。假设你站在水边，斜前方远处有一个人溺水挣扎。分秒可定生死。这时，不要立刻跳进水中，要像艾维斯那样，先跑，然后凭感觉判断何时该跳入水中游泳救人。

狗和人类都有一种与生俱来的可以优化行为的运动感。运动感每时每刻都会做决定：再跑远一点，或者现在就游走。如果我们沿着水边向目标跑去，与目标之间的距离就会缩短。但距离缩短的速度变得越来越慢。当我们到达与目标完全垂直的点时，速度就变成了零。

沿着跑步路线奔跑的过程中，有那么一刻，跑步接近目标的速度与游泳接近目标的速度完全相等。我们的运动感对这一刻感觉很强，而这一刻的位置正是最佳点，当我们从最佳点跳下去开始游泳时，它确保我们能在最短时间内到达目标。

蒂姆·彭宁斯还和艾维斯玩了其他数学小游戏。他改变起始位置。狗和人处于水中，木棒平行于水边被扔进湖中。艾维斯这回可以径直游向木棒。这是最短路径。然而，艾维斯却选择先斜向岸边游去。然后，像之前那样，沿着水边最佳路线跑，然后再次斜向目标游去。

同样，如果所需时间越短越好，那么这就是正确的路线。更准确地说，如果与木棒的距离较远，那么这一路线就是最佳选择。如果距离不远，那么直接游向木棒而不绕道岸边则是更好的选择。

在距离目的地有一定距离的地方，一种路线会变成另一种路线，这时是最佳选择。数学家称之为分岔点或分支点。在这个点上，你可以任选其一，所需时间相同。只有当与木棒的距离短于到这个临界点的距离时，只游泳、不奔跑，这样才更有利。

艾维斯懂分岔理论吗？它的表现就好像已经掌握了该理论一样。它会根据与木棒的距离来判断，有时直接选择水路，有时选择陆路。然而，与第一个实验相比，它对分岔点的觉察力似乎并没有那么精准。

艾维斯后来声名大噪。蒂姆·彭宁斯在《科学》杂志上发表了与艾维斯所做实验的结果，密歇根州的霍普大学授予它荣誉博士称号。请注意，这一称号是颁发给狗的。获此殊荣后，它和主人一起参加了许多脱口秀节目。

结论：如果你要拯救溺水者的生命，当与溺水者的距离不太远时，应立即游过去。这里的经验法则是，如果这个距离小于你加上溺水者到岸边的距离，那么就直接游过去。如果与溺水者相距较远，则先以感觉正确的角度斜着游上岸，然后沿着水边跑。从这里开始，问题就和以前一样了。你的直觉再次告诉你正确的点在哪，你应该从这一点跳入水中，再游向溺水者。

动物和人类都有一整套与运动感相关的内在经验法则。有些蚂蚁种类的行为就好像它们懂得矢量加法。沙漠蚂蚁会在巢穴外进行蛇行式搜索，直到找到猎物。一次搜索往往会把它们带到离巢穴 100 米远的地方。

一旦它们找到猎物，它们不会沿着整个蛇行式搜索的路径返回巢穴。相反，它们能在没有看到巢穴的情况下，从猎物处直线返回巢穴。之所以能做到这一点，是因为它们的大脑中有特定的神经元。这些神经元能够根据光的射入方向识别方向的每一次变化，并计算出当前返回巢穴的方向。一旦到达猎物处，它们在返回时就开始直线前进了。

蚂蚁可以一直保持在一条直线上走路，这一点我们人类自愧不如，人类在没有定位点的情况下难以很长时间保持一个方向。大多数人在走了一小段路后就会陷入弧形方向，路线越来越接近环形轨道。

蚁迹万岁

蚂蚁也总是试图找到最便捷的路线。例如，在觅食时，蚁群

会派出一组侦察蚁。第一个找到食物的侦察蚁以最快的速度返回巢穴。它在路上留下气味痕迹。这条路最短，气味痕迹也最浓。当更多的蚂蚁蜂拥而出时，它们会沿着最强的气味痕迹前进，并进一步强化气味痕迹。这是一个自我强化的过程。

21 培养指数级耐心

本章，作者告诉我们，急躁往往是解决问题的糟糕态度，并指出，如何利用指数级耐心避免极端损害的产生

很久以前，我有一个朋友，名叫保罗。保罗懒于写信。而那时候还是书信时代。如果我写信给他，收到回信的概率很小，收不到回信的概率不断增加。我一直不确定，是否会永远如此杳无音信。直到有一天，我又收到他的一封来信，道歉说自己最近压力很大，再加上工作变动以及搬家，因此很长时间没有联系我。他对我没有中断联络表示感谢。

这些信件之间的时间间隔越来越长了，这对我们的关系发展很不利。因为回信的时间越长，我就越不想再写信给他。但最终还是写了。

我的一封信就像是重启按钮，总会让我们的关系回到原来的状态。直到我最终停止了写信，这是一个艰难的决定，我们的关系也因此结束了。我现在对此都感到遗憾，但是我的耐心已经达到极限了。

耐心极限

如果你耐心地等待足够长的时间，终将能够从另一面看到你耐心的极限。

让我们来看看 20 世纪的美国司法体系：对于被定罪但获得假释的罪

犯，许多法官会睁一只眼闭一只眼。对于轻微罪行，他们通常只是警告一次，然后再警告一次，并且还会有第三次警告。

直到有一天，法官忍无可忍，在无数次的再犯之后，这个罪犯被送回了监狱，一关就是好几个月。法官的宽容和耐心在这种情况下戛然而止。

2001 年，一位富有创意的法官改变了这一局面。从一开始，他就坚持惩罚那些哪怕是最轻微违反假释条件的行为。第一次违反只判一天监禁，第二次判两天，第三次判一周，以后每次都是上次刑期的两倍。后来的研究表明，这位法官的做法使罪犯的累犯率下降了一半。

再来看另外一个例子：如果两台计算机同时尝试通过一个通道进行数据交换，就会发生碰撞。计算机必须中止传输。这两台计算机有 50% 的概率会立即再次尝试，或者在等待 1 微秒后再尝试。

如果两台计算机再次发生碰撞，即再次碰巧选择了相同的起始时间点，它们就会再次尝试传输。但这次，每台计算机会随机决定，在 0、1、2、3 个时间段后再次发送。如果这次还不成功，它们会随机等待 0、1、2、3……7 个时间段。这样就有了 8 种可能性，其中 1 种是随机而定的。必要情况下，下一次则可能会有 16 种可能性。

间隔时段被分成固定长度的时槽，它们的长度极短。每一次失败的尝试都使这些时槽的数量增加两倍，直到发送成功。

这个技巧被称为指数退避，它是无限耐心的范例。这样做可以迅速降低碰撞的风险。翻倍会迅速为数据提供更多可能的传输时间。

再举一个例子：黑客们喜欢通过尝试密码攻击来非法获取计算机的访问权限。近年来，许多计算机采用指数退避来进行反击以自我保护：重复输入错误密码总是会导致等待时间增加两倍，直到系统允许再次尝试登录。

通过这种方式，计算机可以抑制黑客攻击，因为翻倍的等待时间会迅速累积增加。而且，在这种攻击之后，真正的账号所有者从不会被系统永久性地拒绝访问。

指数提升的速度之快，可以通过国际象棋文化史中的麦粒传说来展示。传说中，国际象棋是由印度婆罗门西萨·班·达依尔（Sissa ibn Dahir）于4世纪发明的。他想以间接的方式向当时的苏丹施莱姆传达信息——再微不足道的臣民也似黄金美玉。当他把游戏介绍给这位统治者时，苏丹因游戏变化无穷、引人入胜而要重赏西萨，那就是可以满足他一个最大胆的愿望。

关于西萨的愿望，每个国际象棋爱好者都知道。他要苏丹赐他1粒小麦放在国际象棋棋盘上的第一个格子中，第二个格子中放2粒，第三个格子中放4粒，以此类推，每个后续格子中的小麦都要比前一个格子中的多两倍，一直到第64个格子。

苏丹起初对西萨这么微小的愿望感到失望。但很快他的算术师计算出放入棋盘的小麦的总数量约是1845万亿粒，按照每粒0.05克的重量来算，总重量不知道要超过地球上每年小麦收成的多少倍。

苏丹不得不放弃之前的许诺。聪明的婆罗门给他上了第二课——微小的力量，只要积少成多，也可以成就伟大的存在。

如果苏丹聪明的话，应该让西萨自己去数麦粒。那么，结果就会逆转为婆罗门西萨不得不放弃。即使我们假设每秒数一粒麦子，他也需要将近6000亿亿年，远远超过了地球和太阳系的预期寿命。

当一个量值在相同的时段内以相同的系数增长时，总是会发生数字大爆炸。指数增长在许多领域都会出现，比如全球人口。

人类经历了几十万年的时间，在1804年时人口总数增长到了10亿人。然而，第二个10亿的人口增长在1927年就达到了，只用了123年。第三个10亿人口的增长经过33年，即在1960年实现。而仅仅14年后的1974年，人口就已经达到了40亿，1987年达到了50亿，1999年60亿，在2011年突破了70亿大关。

与麦粒传说不同的是，现实中，小麦产量只会平缓增长。因此，早在18世纪，学者罗伯特·马尔萨斯（Robert Malthus）就表达了这样的担忧：地球人口的指数性爆炸可能会带来问题，终有一天，人类线性增长的资源将不再够用。这一警告在今天仍具有现实意义。

然而，在许多生活情境中，指数扩充的过程所产生的力量也可以是有益的。例如，我们现在与那些懒于写信的朋友沟通，不再通过写信，而是通过电子邮件。若未收到回复，我会等一段时间，然后再写一封邮件。如果仍然没有回复，我会把每一次的等待时间翻倍，即使在一年后仍未收到回复，我也会继续等待。这种指数后退避免了生硬的针锋相对，彼此间的联络不会突然中断。

同样，如果我在一家曾多次享受美味的餐馆经历了一次失望，我会再给这家餐馆一次机会，但要等一段较长的时间再去。如果再次失望，我会等更久的时间之后再去这家餐馆用餐。

在我们的共同生活中，许多情况下，和“针锋相对”相比，指数后退都是更温和的选择。宽容和耐心往往比彻底断绝更好。

交通灯变绿，你等待着前方那个人起步，过了一会儿，那个人终于动了，在此之前，你可能已经要失去耐心了，但不妨想一想如果此刻等在后面的是一位僧侣。

我完全无法想象一位僧侣会紧张地用手指敲打方向盘，然后咄咄逼人地按喇叭，直到前车开动。僧侣会耐心等待，直到大家继续前行。我们都应该如此行事，锻炼忍耐力，避免因反应过度而失去忍耐力。如果耐心耗尽，就假装自己还有耐心。我建议：要像僧侣般行事。指数级耐心胜过鲁莽行事。

首选之外的备选方案

满足基本需求之后，第二最佳选择就是无限耐心。

22 成为更出色的实干家

本章，作者告诉我们从管理者身上可以学到什么，以及如何针对自己的风险类型做出最佳决策

约翰会做饭，但不是随意做做，而是懂得其中的奥妙。他清楚地知道什么时候该把食物加热，以便其冷却后与另一种食材混合成奶油状混合物。

我也会做饭。但我做饭和约翰做饭是两码事，甚至是两种不同的理念。

对我来说，做饭的程序是：先想好做什么，决定之后就去找食谱，找到后按照食谱写下需要的东西，然后看看现有食材都有哪些，没有的就去买。一切就绪后，开始做饭。

约翰则是用现有的食材烹饪。他看看冰箱和橱柜有什么，然后将它们做成一餐。

我以目标为导向。只有明确了方向，其他一切才会服从于这个目标。使用菜谱是一种目的明确的方式：先设立目标，再制定计划，然后采取行动。

约翰则是立即开始行动。还没有设立目标，他就已经清楚地知道可以利用哪些资源。他以资源为导向，目标生发于资源。手边有什么，可以用它做什么？一开始，约翰就知道最终结果大概会是什么。

经济学家萨拉斯·莎拉瓦蒂（Saras Sarasvathy）曾用类似的情境来区分纯粹的执行者和富有创意的发起者的思维方式。约翰那种一贯的行事风格体现的是成功的高层管理者在制订计划时常见的思维方式。

这些高层管理者在制订计划时以开放的、充满了不确定性的未来为导向。企业家有时知道可能会发生什么，并能大致估测事件的进程。但很多事情是未知且不可捉摸的。

约翰的烹饪是一种艺术。烹饪的最高境界在于尽可能地使烹饪本身变得多余。这就是烹饪艺术中的禅。烹饪是照着食谱做菜，而烹饪艺术则不止于此。烹饪艺术将美食创作者与食谱执行者区分开来。

烹饪艺术代表着如今经济理论中所说的创业思维。约翰的烹饪艺术是现代企业家如何开展工作的范例，可以归纳出五条原则。

- 手中鸟原则：所有活动都有其最佳时机。不要坐等良机，现在就开始行动，充分利用现在手中掌握的一切资源。
- 柠檬水原则：如果生活给了你柠檬，那就把它变成柠檬水吧。若有不幸发生，就变逆为顺。保持灵活性，以便灵活应对未知的未知。必要时调整目标。发明黄色便利贴的人原本想开发的是一种新型超级胶水。他的胶水虽然什么都能粘，但黏性较弱。他放弃了自己最初的目标，转而去生产随处可粘的黄色便利贴。
- 飞行员原则：自己掌控前进方向。不要成为弹球机中的球，任由人摆布。尽人事听天命，顺其自然。但要尽你所能，让事情的发展如你所愿。
- 拼布被子原则：在必要时去寻求帮助。不管哪种投资者和合作伙伴都不是一开始就联系好的，而是在事情进展中，在需要时才去寻找的。
- 可承受损失原则：做决定时不要孤注一掷。在评估决策时要考虑，如果决策完全失败，所造成的损失是否还能承受。如果能承受，即便失败，可能也会继续下去。

压力之下做决定

一个荷兰研究小组进行的一项研究表明，膀胱充盈的人比尿急尿频的人更能做出理智的决定。

为什么会这样呢？因为如果膀胱有压力，你就必须有更强的自控力并专注于此。注意力的提高有助于做出更好的决定，从而更快地解决问题。如果你想利用这种效果，就在生命中每一个重要决定前半小时喝一瓶水吧。

参照哲学家康德的“绝对命令”，我把最后一条原则称为“经济命令”：你要这样继续下去，使你继续下去的良机才永远不会枯竭。

我们究竟该如何做决定呢？

显然，这取决于现有的备选行动方案及其可能产生的结果。而这些结果的产生又取决于我们现在所走的是通往未来的哪条岔路。每条岔路和每个选项都会产生一种结果。

以投资为例：你会把钱投资于股票或年金保险，还是宁愿存在储蓄账户中？

选项有储蓄账户、年金保险、股票。结果值是预期盈利。经济发展势头可好、可坏，抑或中规中矩，这些都会带来不同的结果值。这大概就是通往未来的岔路。如果将资金投资于股票，经济形势好、中规中矩或不好的情况下，预期收益分别是 120、60 或 -30 欧元；投资于年金保险，预期收益则分别是 30、60、90 欧元；如果把钱存在储蓄账户中，预期收益在这三种情况下都是 40 欧元。

你至少得对经济形势有大概的了解。然而，实际上，你对此一无所知。一些经济机构预测经济形势向好发展，而另一些则持相反观点。所以，一切都是未知数。

你会把钱投资在哪?

答案取决于你如何看待风险。风险偏好型、风险厌恶型、风险中立型，你属于哪一类型?

那些风险厌恶型的人也许会首选最大最小值规则（Maxi-Min-Regel）。该规则根据各选项所保证的最低利润来评估它们，然后选择最低利润最大的选项。

小中取大是一种悲观原则。采用这种原则的人是想使自己免受最坏情况的影响，所以会选择最坏的情况也不至于是最糟糕的选项。这类人更愿意把钱存在储蓄账户里。

相反，如果你属于风险偏好型，那么最大最大值规则（Maxi-Max-Regel）是一个不错的选择。它选择最高利润最大的选项。大中取大是投机者的乐观准则。它只对最佳结果感兴趣，并积极期待这种结果的出现。为了实施该规则，需要在上述 9 个数值中寻找最大值，并选择属于该值的选项——股票。

这两种规则都只考虑每个选项的单一结果值，这与风险中立性的均值规则不同。这一规则下，所有的结果都被考虑在内，因为每个选项都是按其平均利润进行评估的。在此基础上，选择均值最大的方案。遵循这一规则的人会将钱投资于年金保险。

听从经济命令的人会怎么做?他可能不会选择股票，因为最坏的情况会带来损失，从而使投资者破产。

各选项的结果值也可以成为你个人的评估。例如，考虑在哪里过圣诞节：在家、去父母那还是去滑雪度假。你的幸福值取决于是否有雪。如果下雪，滑雪度假对你来说评估值是 70，因为你喜欢滑雪；然而，看望父母的评估值是 -20，因为旅程很艰辛；而待在家里的评估值是 10，因为很无聊。其余选项则与往常无差别。

结论：在面临抉择时，要列出所有可能的备选方案。考虑现实中所有存在的岔路口。写下每个岔路口上的所有备选方案的结果值。将所有结果汇总后，思考自己属于哪种风险类型。然后使用适宜的抉择规则选择一个选项。

祝你好运！

23 如果奇迹发生，请勿惊讶

本章，作者分析了极为罕见的事件，并告诉你，会有多少奇迹发生

2003 年 11 月 20 日这一天，加利纳一家在两场美国彩票投注中都中了大奖。先是安格鲁在“炫酷 5”（Fantasy 5）游戏中赢得了 126000 美元，一小时后，妻子玛丽亚又中了 1700 万美元的“超级乐透加”（Super Lotto Plus）。

1899 年 11 月 27 日，美国演员查尔斯·阔夫兰(Charles Coghlan)在得克萨斯州的加尔维斯顿演出时不幸去世。1841 年出生于加拿大东海岸爱德华王子岛的查尔斯，为了表演事业来到美国港口城市进行特约演出。去世后，他被安放在金属棺材里，安葬于城市公墓。

一年后，一场飓风席卷了沿海地区。查尔斯·阔夫兰的墓地被毁，他的棺材被冲了出来，漂进墨西哥湾，经由佛罗里达州，冲进大西洋，一直朝北漂去。1908 年底，爱德华王子岛的渔民发现了被冲上岸的查尔斯的棺材。查尔斯·阔夫兰回来了，他的棺材在十年内漂流了 5000 千米回到了家乡。在洗礼堂里，他被第二次安葬。这简直就是个奇迹，不是吗？不是宗教意义上的奇迹，而是数学意义上的。数学家约翰·利特伍德（John Littlewood）用奇迹这个词来形容所有发生概率小于百万分之一的事件。

不足为奇

朝圣地卢尔德（法国南部城市）：在过去的150年里，这里有4位晚期癌症患者自愈。天主教会宣布其为神迹。医学上对癌症肿瘤的自愈进行了调查。肿瘤莫名其妙地自行消退，这种情况极少发生，20万个病例中只有1个。有1亿人参观过卢尔德，保守地估计，5%的人因癌症而来。平均每10年就会有2位癌症患者自愈。150年来，仅有4人被治愈，这里的奇迹发生率还有待提高。

阔夫兰的故事和加利纳中大奖都是发生概率极小的事，但似乎彩票中奖更容易通过计算来实现。彩票在数学上是一种“小世界”现象，因为投注的可能性和中奖号码是可控的。在加利纳夫妇的案例中，11个投注号码在两次开奖中都成为中奖号码，中奖概率为1∶24万亿。

这个数值没有考虑中奖期间隔的远近，也没有考虑中奖者是否结婚。如果将这两方面都考虑在内，中奖概率约为1∶100万亿。

这听起来简直是不可能发生的。然而，全世界每天都有无数人买彩票，进行大量的投注，但在某时、某地、某对夫妇身上发生类似事件的概率有多大呢?

粗略计算，此类事件每一百年发生的概率为50%。如果一个极不可能的事发生的概率极大，那么中大奖这样的事迟早也会发生。这就是极端事件数学理论中的大数定律。

不可思议的巧合是如此玄妙。有些人在巧合中可以根据事件的奥秘本质看到更高力量所发挥的作用，这不足为奇。这种巧合会在这些人中产生强烈的心理影响。

瑞士心理学家卡尔·古斯塔夫·荣格（Carl Gustav Jung）对这些影响表示了关注。他创造了术语——共时性（Synchronizität），指两个事件有意义的巧合。荣格本人也体验过共时性，特别是在与西格蒙德·弗洛伊德（Sigmund Freud）合作期间。

有一次，这两位心理学领域的伟人坐在弗洛伊德的书房里，就超感官知觉问题展开了争论。弗洛伊德是一个理性主义者，荣格则相信感官的共时性。弗洛伊德说："这就像我想到书柜里会发生爆炸，而它真的发生了。"话音刚落，弗洛伊德的书柜里突然无缘无故传来爆炸声。

"对，"荣格大声说道，"这就是共时性现象的例子。""胡说！"弗洛伊德反驳道。"你说得不对，"荣格反驳道，"为了证明我的观点，我预测马上还会听到爆裂声。"

话音刚落，第二声巨响真的从弗洛伊德的书柜里传来。

对于现代科学来说，这纯属荒诞之谈。但是，即使在那些严肃的物理学家中，也有一些人支持这种观点，比如诺贝尔奖得主沃尔夫冈·泡利（Wolfgang Pauli）。

泡利深受荣格提出的"共时性"理论的吸引，因为他在自己的生活中遇到过许多类似的巧合。大多数巧合都与面前的仪器出现故障有关，他出现在哪里，哪里的实验仪器就会莫名其妙地出现故障。

有一次，他坐在一家咖啡馆里，视线一直停留在咖啡馆前的一辆汽车上。据他自己说，他觉得自己被那辆车神奇地吸引住了。突然，那辆车莫名其妙地就着起火来。

这个例子说的就是著名的"泡利效应"，意思是只要沃尔夫冈·泡利在场，东西突然失灵的概率远远高于预期。泡利自己也对此深信不疑，甚至对自己负面的心理动力所产生的影响还有些得意。

如生活般演绎

如果没有不断出现的巧合，让失散多年的兄弟、以为下落不明的情人或者已经故去的旧相识在故事发展不下去时恰好出现，那么小说会是什么样子？在被问及他的书中充满了牵强附会的巧合时，美国知名作家保罗·奥斯特（Paul Auster）说：“这些巧合可能看似任意编排，但生活就是如此。”

你知道1913年8月13日在蒙特卡罗赌场发生了什么吗？日落之后，轮盘赌桌上的球传奇似的开始动起来，它连续26次落在黑格上。这种情况发生的概率是18/37的26次方，即一亿分之一。另外，全球每百年约发生1亿次这样的事，这意味着每个世纪都可能发生一次。

再举个有据可查的例子吧。一对双胞胎在出生时被分开。两个男孩去了不同的家庭。他们被分别取名为詹姆斯。成年后，他们都从事公共安全工作，一个是警长，另一个是保安。两人都娶了叫琳达的女人。两人都离过婚，又都娶了叫贝蒂的女人。一个给儿子取名为詹姆斯·艾伦，另一个也给儿子取名为詹姆斯·艾伦。这几乎就像平行时空的镜像人生，不是吗？

然而，这些都是人们从几百种可能的特征中挑选出的与这对双胞胎匹配的特征。还有些没有被提及的特征，也许是存在差异的。例如，第一次和第二次结婚的年龄。也许他们中有一个结了第三次婚。他们可能有不同的爱好，开不同的车，做不同类型的运动，演奏不同的乐器。他们也许还有其他不同名字的孩子，等等。这对双胞胎之间可能有很多不相匹配之处。这并不是说已经观察到的相似之处不足以令人吃惊。只不过，这个案例并不像乍一看那么不可思议的极端。

你是否也经历过极端巧合或让你感到不可思议的事情？例如，你想妈妈了，这时，电话铃声响起，谁打来的？对，就是妈妈！

这是约翰·利特伍德的另一个奇迹。此外，他还总结出了利特伍德奇迹定律：

在正常人的日常中，每月发生一次奇迹是正常的。

为什么这么说呢？当我们清醒时，即不睡觉、不打瞌睡或不做一些无谓的事情，每秒会发生 1 件事。如果我们每天有 10 个小时是清醒状态，则每月发生 100 万个事件。其中大多数是平常事。但若每月发生 100 万个事件，则会有一百万分之一的概率发生一次奇迹。这个月，你经历过奇迹了吗？希望不是令人沮丧的事情。

结论：当生活中的极端巧合让你感到惊讶时，不必大惊小怪，想想约翰·利特伍德及其定律。奇迹无时无刻不在发生！

24 经验法则

本章，作者指出，生活中很多情况都过于复杂，因而无法快速而正确地做出判断，这时候遵循经验法则会更有成效

雌性天堂鸟在选择配偶时遵循一个简单的经验法则：它们会观察成群结队进行求偶表演的雄鸟，然后选择其中羽毛最华丽的雄性进行交配。

行为生物学家用让步赛理论对此进行解释。华丽是负担，是障碍，而且需要精心维护。因此，最华丽的雄性一定有最健康的身体条件和良好的基因。

幸运落败者评级

我个人非常喜欢雌性大西洋玛丽鱼（短鳍花鳉科）。在两只雄性玛丽鱼争斗后，它们只与落败者交配。

经验法则无处不在，它们就是科学中所说的启发法。经验法则可以帮助我们快速做抉择，无须进行冗长的分析。当信息过少或过多时，它们帮助我们做出判断。

对某一领域的专业鉴赏力的基础是知识、经验法则和经验，有时无法用语言表述。就拿雏鸡性别鉴定师来说吧，这个职业需要一种罕见天赋，能够区分刚孵化的小鸡是雌是雄。比较残忍的是，雄性雏鸡在出壳后就会被处理掉。

养鸡业的利润率取决于孵化后的分类速度。因为活的雏鸡要消耗饲料，这就有必要在开始就分辨雏鸡性别。孵化后，雌雄雏鸡的外观基本相同，只有细微差别。尽管如此，高度专业化的性别鉴定员每小时可以筛选和分类 1500 只雏鸡，每天工作 13 小时。这是如何做到的，他们自己也很难用语言来描述。

世界上最好的雏鸡性别鉴定师来自日本。在那里，他们学到了这门无法用语言表达的手艺：学生拿着一只雏鸡，检查它，然后把它放进一个标有公鸡或母鸡的篮子里。师傅来评判“对”或“错”。经过一个月的培训，学生会掌握这门技能。

术语“经验法则”的起源

19 世纪，病理学家发现，一个逝者的心脏正好与其拳头一样大。经验法则（Faustregel 拳头法则）这一术语应运而生。

犯罪侦查学也是如此。顶尖的犯罪侦查专家工作时将经验法则和直觉相结合。如果可以将几项罪行归于一个犯罪者，那么他的居住地范围就会缩小。为此他们会采用圆心启发法：罪犯最有可能逗留的地方是圆圈的中心点，这个圆圈覆盖了彼此相距最远的两个犯罪现场。这就是屡试不爽的启发法。

再说一个体育界的例子：篮球运动员最擅长的是接住从某处抛出的以

抛物线轨迹运行的球。这一抛物线轨迹用方程式可以解出。

通过方程式的解可预测球的轨迹，直到它接近地面，运动员到达此点来接球，这就是接球的高级数学。但没有一个接球手是这样接球的。

如果你问运动员是如何做到的，他们无法用语言来表达，一切都是在下意识下发生的。

研究表明，运动员使用的是视野启发法：他们让球一直处于视线范围内，向前、向后或向侧面迈步时，保持球、眼睛和水平线之间的视觉角度不变。

没有任何计算，也没有什么落球点。然而，启发法能让运动员迅速到达这一点，这很重要，因为球在空中飞行时间很短，而数学计算时间太漫长。启发法使篮球带来极具吸引力的观赛体验。没有启发法，这项运动可能就索然无味了。

在前文中，我们讨论了“农民经验法则”，它适用于一知半解的情况。在“农民经验法则”不适用的情况下，我们可以求助于“最佳理由法则”。

举个例子来说说什么是“最佳理由法则”。请回答：开姆尼茨（德国城市）和哈根（德国城市），哪个城市的居民多？

想一下，什么让一个城市变成所谓的大城市？理由肯定有“作为一个州的首府”或“在足球甲级联赛中拥有一支球队”，或者“拥有机场”“是博览会城市”“是大学城”，等等。这些标志的重要性顺序大致如上所列，很合理。

因为根据“最佳理由法则”，标志性特征应按照说服力程度进行排序。然后，我们考查最有说服力的标志是否能区分备选选项。如果能，我们就可以作出选择。如果不能，我们再看看排序中的下一个标志特征。

开姆尼茨和哈根都不是州首府。因此我们得继续比较下一个标志特征。两者都没有甲级联赛球队，但开姆尼茨有机场，哈根没有。因此我们认为开姆尼茨是更大的城市。

答案正确!

开姆尼茨人口为24.7万，哈根只有19.7万。

如果比较哈根和索林根（德国城市），就没那么容易了。两者都不是州府，也没有甲级联赛球队、机场，也都不是博览会城市。但哈根有一所大学，而索林根没有。所以我们的答案是，哈根更大。

答案正确，因为索林根居民人口只有16.4万。

根据能够区分备选选项的第一个标志特征就可以做出选择，那么，其他所有标志特征就不必予以考虑。取其精华，舍弃其他。

还有一条经验法则——可用性启发法。该法可用于估算一个事件的发生频率，而估算事件发生频率往往很难。经验法则通过回答一个比较简单的问题就可以解决这个困难，即我是否能记起事件发生时的情形。如果我能轻松想起当时的很多情况，那么我就会估算该事件发生的频率很高。

在缺乏信息的情况下，该经验法则使检索事件实例的容易程度转化为一种新的信息。这种新信息被用来回答问题。这是我们大脑的典型特征：如果大脑不能足够快地回答一个判断问题，它就会用一个相关的更简单的问题来取代这个问题。大脑用简单问题的答案来回答有难度的问题。

例如，当听到邻居在街上剧烈咳嗽时，我会认为他得了重感冒，而不会认为这是埃博拉病毒的症状。因为“重感冒这种更有可能的猜想”我们曾听过上百次，或者我们自己也常经历。

我们凭直觉认为，我们经常听说的事情更有可能发生。大多数情况下，这一直觉是对的，但并非总是如此。要注意经验法则的歪曲现象。如果某件事在我们的记忆中根深蒂固，这往往意味着它在现实中经常发生，当然，并不总会发生。我问一个经常接触车祸受害者的急诊医生，他如何估算车祸发生的频率，他给我的数值可能比普通司机估算出的数值更高。

媒体也会导致经验法则发生歪曲。有些事情他们会事无巨细地进行报道。例如，飞机失事或恐怖袭击。因此，这种罕见事件原本的发生频率被大大高估了。

最后，还有一个针对未知情况的经验法则——全面原则，它适用于分布不均的变量，例如，私人财富。在德国，20% 的人口拥有 80% 的国民财富。这个 20/80 法则存在于许多原因与结果、输入与输出之间。例如：我们身边有 20% 的人引发了 80% 的纠纷、投诉、买卖交易、法律诉讼、事故、查询……

20/80 法则可以用来改善时间管理——80% 的任务花费 20% 的时间。列出优先列表，首先完成最重要的任务，并全力以赴。余下的 20% 可以推迟或完全取消。

该法则还使我们免受完美主义的影响。大多数时候，一件事只要做好 80%，即符合要求，这就足够了，这样，事情往往很快就得以解决。但许多人在做完 80% 之后，会在版面布局等细节上继续耗费时间，试图完善最后 20% 的工作。然而，过于完美的表现形式会分散对任务内容的关注度，而所耗费的时间，用在新内容上不是更好吗？

25 合理取舍

本章，作者解释了电脑存储数据的方法，以及我们从中可以学到的舍弃之法

我相信你知道我们接下来要讨论的问题是什么。此刻，我正面临这种问题——关于衣橱的问题。它很小，因此总是满满登登的。衣柜太满本身并没有什么好抱怨的。但当我今天买了一件新衬衫，完全无法将其放进衣柜的时候，这就成了问题。我得想办法腾出空间来放新买的衬衫。事实上，这意味着，我要考虑该把哪件衬衫淘汰掉?

日本人近藤麻理惠（空间规划师）写了一本关于如何分类和舍弃的书《怦然心动的人生整理魔法》。这本书在全世界都是畅销书，被翻译成40种语言。它使近藤女士声名鹊起，《时代》杂志将她列入全球百大最具影响力人物榜单。

显然，近藤麻理惠触动了人们的神经。许多人面临财物负担过重的问题。在西方国家，平均每个成年人拥有10000件物品。但其中有多少是真正需要的呢? 只有少数几件。绝大多数都毫无分类地存放在家中，例如衣服、无用杂物、书籍和文件，它们中的大多数都不再需要。

井然有序

近藤麻理惠使自己成为不朽的人。她的名字（Marie

Kondo）现在在英语中变成一个动词——“to kondo”，意思是打扫、去繁化简。

“不能把那东西扔掉，因为有一天我可能还会用到它。”这是那些舍不得扔掉任何东西的人最喜欢的借口。长此以往，他们被无用的什物束缚，最终无法腾出空间来摆放新的东西。

近藤麻理惠为我们提供了清理说明。我们不应该一个房间一个房间地整理，而是应该分类整理。例如，把所有的衬衫放在一个地方，然后逐件拿起。重要的是扔掉情感上无关紧要的东西，只保留最喜欢的单品。她建议对每一件衣服都问一个测试问题：“你还能让我快乐吗？”如果答案是否定的，或者模棱两可，那么就把它扔掉。

如果答案是肯定的则保留。那些通过测试的衣物，应为其安排专门的地方放置。但是，我们也必须尊重那些被丢弃的衣物，感谢它们曾为我们立下的功劳。这样做的目的是避免我们事后后悔扔掉它们，并渴望它们回来。

但重点是要把东西处理掉。在购买一件新衬衫时，我们就应该做出决定，与另一件衬衫永远地分开。

不可随意丢弃之物

根据一项垃圾处理条例，在阿富汗服役的德国联邦国防军士

兵必须将他们的垃圾分类。分类后的垃圾由阿富汗当局收集，然后再一起处理掉。

认为源自风水的方法显得过于玄秘或极端的人，我有更温和、源自计算机科学的方法可供参考。计算机也会面临一个问题：应该把什么数据存储在哪里，还是彻底删除。保存和删除是计算机术语，代表保留和丢弃。

每台计算机都有一个小的高速主存储器，还有一个大的慢速存储器，访问它需要的时间更久些，实际上，访问大内存的时间要长 20 万倍。因此，计算机必须仔细考虑将哪些内容放入哪个存储器。

如果小的主存储器已满，我们就会遇到衣柜问题：如果要在其中存储另一个页面，必须先从这个存储器中删除一些东西。而这些被删除的东西会进入大的存储器。

电脑成了我的榜样。如果我在衣柜满了的情况下买了一件新衬衫，那么衣柜里的一件旧衬衫就会进入地下室的旧衣收藏室。

不过，在这种情况下，近藤麻理惠可能会建议把这件衬衫扔掉。我可没有那么狠心。我把家里的衣柜看作主存储器，地下室的衣柜则看作辅助存储器。

计算机会把哪一页从快速存储器移到慢存储器呢？计算机码农们想出了几种可能性。数学家拉斯洛·贝拉迪（Laszlo Belady）提出了这样的建议：

“把最晚在未来才会被访问的页面移到慢速存储器中。”

这是最优策略。从长远来看，它会带来最少的“缺页故障”。专业术语“缺页”是指在主存中搜索网页失败，之所以失败，是因为要访问的页面不在主存中。

但是，人们对未来往往知之甚少，所以无法实施贝拉迪的建议。计算机必须能像先知一样预测未来，才能知道何时需要哪些页面。只有这样，贝拉迪的建议才有可能得以实施。不过，这个建议还是有用的，因为它可以充当标杆，其他方法可以拿来与之作对比。

绝妙的备选方案是以现在为镜像点将过去镜像到未来。计算机不是从快速内存中删除未来最晚被访问的页面，而是删除过去最早被访问的页面。换句话说，就是当前时间点上未被访问时间最久的页面。这种“最久未被访问”算法基于一个简单的假设：平均而言，一个页面从现在到下一次被使用的时间跨度与它从过去最后一次被使用到现在的时间跨度一样长。

长期不需要的页面在不久的将来也不太可能需要，这一点支持了这种时间的逆转。计算机专家称这种特性为“请求本地性”。在我的衣柜里，这意味着很久没穿的衬衫在不久的将来可能也不会穿了。

请求本地性的另一种实现方式是先进先出（FIFO）置换算法。其缩写的全称是 First-In-First-Out，这正是需要做的：FIFO 从快速存储器中移除驻留时间最久的页面。

这两种方法都有诸多值得肯定的特性。在两种算法中，缺页现象只比贝拉迪不可行的先知算法多一点点。实际上，最久未被访问算法产生的缺页故障，只比先知算法多两倍；FIFO 置换算法则产生平均多四倍的缺页故障。

这就是每一种算法都要付出的代价，因为未来是未知的。在诸多实际情况中，最久未被访问算法与先知预测的结果是最接近的。它比从快速内存中删除最不常用页面的算法要好得多。而按照巧合原则从快速存储器中随机删除任一页面的算法则糟糕得多。

对于正在衣柜里为新衬衫找位置的我来说，这些思考意味着什么呢？如果我遵循这些算法，我不会扔掉迄今为止穿过次数最少的衣服。我也不会把在衣柜里放得最久的衬衫拿走了。当然，我也不会盲目地随便丢弃一件衬衫。我会像聪明的电脑那样，把不穿时间最久的那件衣服放进地下室的旧衣收藏室。电脑根据页面预设清楚地知道该把哪个页面移除，而我凭的是感觉，在此，感觉比清楚地知道要好用，因为即使是早上伸手去拿衬衫，拿哪件也主要凭感觉。

结论：我的方法与近藤麻理惠的方法不完全一致。我把衣服从衣柜移除后，会把它们放进地下室。我建议把从屋子里整理出来的每件物品都放在地下室衣柜的旁边。而每年，衣柜右半部分存放的衣服都应该被彻底处理掉，比如，送到当地的旧衣回收站。地下储藏室给了那些从家中主存储处移除的衣物暂时再利用的机会。这种逐级，即一步一步的处理方法让无情的丢弃变得不再那么绝情。

26 井然有序

本章，作者解释说，整洁有序通常太耗精力和记忆力，他向我们介绍了一种毫不费力的秩序法则

德国有一句谚语：“秩序是生命的一半。”你觉得这么说夸张吗？一半，似乎很多。不过，确实如此。但如果你是一台电脑，就不一样了。全世界的计算机大约有80%的时间都用来整理数据。由此我们可以得出结论，秩序在很多领域都至关重要。当然，创建或维护秩序也是非常耗时的。

秩序是一种例外状态。我们的宇宙更偏爱无秩序。为了创造秩序，必须有一种秩序力量发挥作用，为此需要大量的能量。不管怎样，这就是现代物理学最重要的发现之一：热力学第二定律。

这一定律在我们的生活中无处不在。它确定了时间的走向。一切自发过程皆朝着更加无秩序的方向运行，不可逆。例如，一个杯子从手中滑落，在瓷砖地板上摔得粉碎，上百个碎片遍布整个厨房。

这种事在我家也经常发生。整个过程在物理上是可能的，因为杯子作为一个有序的物体，在撞击时会变成由分散的各个部分组成的无秩序混合物，无秩序程度随着撞击大大增加。

但是，分散的各个部分不可能在某个时候想起它们曾在一起，在撞击点再度形成一个杯子，然后与地球引力对抗，向上回到我的手中。

现在，秩序是一个大趋势，这是对日益疯狂和混乱的世界做出的反应。教我们如何正确整理和丢弃物品的书籍如雨后春笋般涌现。有些建议过于夸张，例如，我知道应该把衬衫放在一起，但真的有必要按颜色分类整理 T 恤，按水洗程度分类整理牛仔裤，按度数大小整理眼镜吗？

无数收纳整理师粉丝中的秩序迷们就是这样做的。正值大好年华的人们自豪地在社交网络上展示他们整理衣橱和系统分类鞋架的前后对比照片。整理收纳曾经是一种在钩织圈和特百惠聚会上讨论的小资情调的事。今天，它成了一种带有哲学色彩的炒作。

Sorted life，意为有序的生活。在分类整理物品时，我们希望生活能够有序。家的秩序体现我们自己的内心世界。我们也可以整齐地将积极的情感归类整理，而消极情感则打包丢弃。有秩序的生活就是幸福的生活。秩序是心理治疗的最新潮流。

我想起一位诺贝尔化学奖得主的提醒：有些人在琐事上浪费了太多时间。这是她在学生身上一次又一次观察到的。

无秩序可以激发创造力

心理学家凯瑟琳·沃斯（Kathleen Vohs）的一项研究发现，杂乱无章的环境能激发创造力。在凌乱的办公室里思考乒乓球有什么其他用途的学生提出的创意建议，明显多于坐在整洁办公室里的学生。

秩序感就像走钢丝。如果花太多时间在这上面，就离秩序神经症不远了，这样一来，秩序的目的就不再是能够找到东西或让屋子显得整洁，秩序本身成了目的。在秩序方面的理智在哪里消失？对秩序的痴迷又是从哪里开始的？我认为，一定程度的无秩序是没问题的。

当今，人们对秩序的热爱起源于日本。日本社会处于高度秩序化状态，存在诸多秩序模式，例如，同质化的人口、同一的文化、终身雇佣关系、传统的家庭结构，等等。

在德国，许多事情都与此不同。

我认为，秩序不能僵化，它必须保持活力，并且能够适应不断变化的环境、需求或审美。

为了秩序

你正在读阅的这话句（译者注：原文也是拼写打乱的单词，但仍能识别出来）象征着我的柜子，每次整理过后不久又渐渐从有序变为无序。

有一个毫不费力、自我形成和自我调整的秩序，那就是我的 CD 收藏。很久以前，我收藏的 CD 是按内容主题分类的，有流行乐、爵士乐、电子乐和古典乐等。但是，当我过于频繁地只是大致按照正确的主题整理 CD 时，这种秩序几乎就处于支离破碎的状态了。

因此，我很快就不再为分类之事费心了，只是在听完每张 CD 后，把它放在整排 CD 的最左端。如果以后想再听一张 CD 时，就从最左边开始找，一张一张地往右移，直到找到我要找的为止。

现在，我总是采用这种办法。这个向前摆放法则很有效。采用这种方法，我常听的 CD 堆放在杂乱 CD 的左边。而那些我几乎不听的 CD 在数月之后逐渐移到右边。于是，无序中产生了一种新的秩序，这是一种自然而然形成的秩序。

计算机专家把我这种排序和搜索系统称为自组织列表。自组织指的是系统内部组成部分间相互作用产生出某种秩序的过程。

我听音乐的习惯决定了我对每张 CD 的拿取方式都截然不同。对我的 CD 收藏而言，最佳排序应该怎样呢?

对，没错！根据拿取概率进行排序。下一次最有可能听的 CD 放在最左边。但要做到这一点，我必须能预测自己未来的鉴赏品位。谁能做到呢? 我肯定做不到。因此我无法整理出 CD 的最佳排序。此外，这个排序肯定会随着我的品位变化而不断改变。

好在我们没有必要在最佳排序上花费时间。数学可以证明，毫不费力地向前摆放法则几乎是同样出色的：从长远来看，它产生的排序接近最优排序。而且使用该法则的时间越久，效果越好。数学还可以证明，按照向前摆放法则搜索 CD 所花费的时间永远不会超过最佳排序时间的两倍。这比其他排序系统要合理得多。

然而，向前摆放法则也有强有力的竞争对手，它就是互换法则。根据该法则，如果一张 CD 被从一个位置移走，那么当它被放回时，就要被放在更左边的一个位置。可以说，被移走的 CD 和它前面的 CD 互换了位置。

即使采用这一法则，常听的 CD 也因为经常被拿取而堆积在左侧最前边。这条法则也使排序接近最佳顺序。然而，这个过程要比更干脆地向前摆放慢得多。只有在拿取使用方面，互换法则才更胜一筹。数学甚至告诉我，使用互换法则搜索用时永远不会比使用向前摆放法则的搜索用时长，无论我听音乐的习惯如何。

这听起来像是互换法则的优越性。但实践表明，这两种法则之间差别并不大。不过，互换法则也有缺点，那就是更耗时耗力。我无论如何都必须记住上一次被移走的CD现在放在哪儿了。

所以，不论是CD收藏，还是其他很多情况，我都更喜欢向前摆放法则。在我的办公桌上，它转化为向上摆放法则。我处理过的文件就直接放在桌子最上面，于是，一个几乎最佳的秩序神奇般地建立起来，毫不费力，无须记忆，自然形成。因此，书桌、CD集等看似凌乱的情形都有一个数学基础——一种从无序的凌乱中自我生成秩序的便捷法则。

27 不要总是那么友善

本章，作者分析了我们在哪些情况下可以忠诚合作，哪些情况下不可以，并指出如何可以做到最好

坏蛋阿恩和伯尼抢劫了一家银行，然后被抓住。但警方只有间接证据，因此向两人提议：如果其中一人承认自己有罪并作为证人告发另一人，他将被释放；而另一人则会被判入狱三年。但是，如果两人都作为证人互相揭发，每人将被监禁两年。若两人都守口如瓶，不揭发对方并否认罪行，那么警方可以根据现有的间接证据，最终，他们每人将被监禁一年。

阿恩和伯尼不能互相交谈，这使他们的处境变得复杂起来。每个人都面临着忠于对方还是揭发对方的抉择。

阿恩在考虑该怎么做。他想，如果我心善，而伯尼揭发我，我就会被判三年。但如果我也揭发他，就会少判一年。另外，如果伯尼保持沉默，我会被判一年，而如果我保持沉默，我又少判一年。也就是说，如果我告发他，就完全不会被判刑。无论伯尼怎么做，牺牲他对我总是有好处的。

从伯尼的角度来看，情况完全一样。显然，这意味着，无论对方做什么，大家最好都不做好人。但这样一来，每个人都必须服刑两年。

矛盾的是，如果两人都保持忠诚，相互信任并保持沉默，他们也必须被监禁一年。

显然，这是一种两难局面：友善与合作对群体最有利，对个体来说却并非最佳。我不合作，他人合作，于我这个个体而言，才是有益的。但

是，如果每个人都这样想，那么对每个人来说都会变得更糟。这是一个难以解决的困境。在数学中，这种困境被称为囚徒困境。

很多情况基本上都有这种模式。假设阿恩和伯尼共住在合租公寓里，对双方来说，最愉快的事情是对方独自包揽所有家务。但如果他们都这样想，公寓就会一直处于无人打扫的脏乱状态。

在交易商品时，也经常出现这样的情况：比方说阿恩种苹果，伯尼种香蕉，由于阿恩拥有很多苹果，但没有香蕉，所以对他来说，一车香蕉（100 欧元）比一车苹果（10 欧元）的价值要高。而对于拥有很多香蕉的伯尼来说，情况正好相反。

双方进行货物交易，并同意给对方发送一车水果。如果双方都遵守交易约定，并向对方发送货物，则双方都能从交易中获得 90（100-10）欧元的利润。如果一方未发送货物，而另一方很诚实，那么虚假承诺的那一方的利润会增加到 100 欧元，而诚实的一方因被蒙骗而损失 10 欧元。

如果双方都蒙骗对方，双方就既无利润也无损失。因此，从各自角度来看，双方最好再次蒙骗对方。但这样一来，就不会产生互惠互利的交易了。

问题显而易见，对于群体来说，所有人彼此合作是最有利的。但是，如果每一个体不论在什么情况下都是作为利己主义者才对自己最有利，那么，在一个群体中怎么会产生合作下的“友善”呢？难道只有用法律和道德才能做到吗？还是自私加上自私也能产生集体感呢？

经济学家罗伯特·阿克塞尔罗德（Robert Axelrod）在 40 多年前研究过一个竞赛，在这个竞赛中，阿恩和伯尼必须多次而非仅一次地相互博弈，相当于多次重复囚徒困境实验。苹果箱换香蕉箱的交易重复进行 200 次。每一次，每个人都有新的机会对交易伙伴信守承诺或虚假蒙骗。

阿克塞尔罗德让阿恩和伯尼用不同的策略进行博弈。

一种策略是保持蒙骗；另一种策略是保持友善；第三种策略是保持友善直到被骗，于是也会去蒙骗对方；第四种策略遵循“一报还一报”——在随后的每一轮都表现得和上一轮的对手一致，如果对方诚实合作，自己也合作；如果对方蒙骗，自己也不会诚实，英国人称其为“一报还一报”（Tit for Tat）。还有“两报还一报”（Two Tits for Tat），与“一报还一报”的不同之处在于，它对所遭受的蒙骗进行双倍奉还。

考试中的“一报还一报”

一个动物学专业的学生即将参加考试。为了这个考试，教授带来了一个用布蒙着的鸟笼。能看到的只有鸟的腿。教授问道：“猜猜这是什么鸟？”“只看腿，我辨认不出。”学生回答道。

“不及格，”教授回答说，“你叫什么名字？”

于是，学生挽起裤腿，说：“好吧，您猜！”

阿克塞尔罗德让50种不同的策略进行博弈，每个策略都被假设为困境中的博弈方。策略与策略之间彼此对抗。其中有非常复杂狡猾的行动方式。结果一目了然，简单直接的“一报还一报”策略赢得了比赛，成为赢家。与其他所有战略相比，它的总体表现最好。“狡猾”策略在竞争中并无优势。

所有排名靠前的策略都有一个共同点：它们都很友善，从不先去骗人。但如果被骗，它们就会报复。尽管如此，它们并不会记恨。如果对方反应积极，它们就愿意再次合作。它们终究是好理解的——它们自己的行为于对手而言是容易让人理解的。在阿克塞尔罗德的比赛中，完全不可捉摸、纯粹随机的策略得分很低，由此可见，可理解性至关重要。

我们由此得出什么结论呢?

当人与人之间相互信任、相互欺骗、相互原谅、相互怨恨或一而再、再而三给对方机会时，“一报还一报”是社交互动的理想选择。山与山不相遇，人和人总相逢。相遇的缘分不止有一次。

“一报还一报”似乎是现代社会的最佳选择。友善的人也期望他人友善。如果他人也友善，则双方都会受益；如果他人不友善，双方会在下一次互相报复，但彼此并不记仇。如果他人在某时重新选择合作，另一方则又会友善以对。这在个体层面上非常有效，对成员间以迥异个性彼此相待并达成约定的群体也很有效。

此外，阿克塞尔罗德的比赛还有一个进化版，即根据“策略”在上一轮比赛中成功与否来决定该策略是否会继续下去，以及在下一轮比赛中会更多还是更少地出现。策略的比赛时间越长，“一报还一报”的传播就越广。

关于阿克塞尔罗德的研究成果就说到这。最近的研究表明，在数学中，还有一种比直来直去的“一报还一报”要好的策略，即加入出其不意因素的“一报还一报”——一种宽宏大量的“一报还一报”。与被骗后总是报复相比，只是“几乎总是”报复，结果会更好。在一场策略竞赛中，10 次中平均有 9 次采取报复行动是最佳选择。从长远来看，在被骗后，10 次中有 1 次保持宽宏大量，对自己和群体都更有利。

一报还三报

来自奇卢巴班图语的 ilunga 一词被全世界一千多名语言学家选为最难翻译的词。

它的意思是愿意原谅第一次欺骗，并容忍第二次欺骗。第三次才会严肃对待这种欺骗行为。

结论：与人交往的最佳人生法则是不贪婪，不怨恨，不要滑。与人为善，与人合作，绝不先去欺骗对方。只有被别人骗，才会以其人之道，还治其人之身。但即便如此，也不要总是这样。偶尔也要宽宏大量，以诚报骗。

28 如何实现世界大同

本章，作者描述了人生的基本情况，并告诉我们用什么策略在新旧事物之间进行选择

人生啊！对于作家豪尔赫·路易斯·博尔赫斯（Jorge Luis Borges）来说，人生就是充满分岔小路的花园。每一条人生之路都通往开放的未来。在穿越当下的小径上，你正在阅读这篇文章。在诸多其他道路上，你可能永远不会与我的思想相遇。在人生旅程中，我们要不停地决断，该走哪条岔路；在无数种未来中我们该选哪一种。很多东西我们可以选择，但更多的事情则要接受命运的安排。

这幅人生图画上还缺少一些重要的东西，对我来说，生命之园是一个充满各种可能性的丛林。我们必须在不确定的情况下作抉择。任何事情都是机遇与风险同在。我们大多数时候，确切说来，是一次又一次地面临这样的抉择——接下来该怎么做？

我该因循守旧还是独辟蹊径呢？到目前为止，驾轻就熟的陈旧情节可能已久经考验。新事物虽未经历练，但可能会更好，当然，也可能会令人失望。我应该再次光顾体验感一直很好、我最喜欢的那家老餐馆，还是去尝尝新近开张的那家我一无所知的中餐馆？

如果“概率丛林”的思想不合你意，我们可以从一个有趣的“对比”入手——数学家贺伯特·罗宾斯（Herbert Robbins）把生活比作在摆满老虎机的赌场里的一次赌博。任何一次老虎机赌博，回报都有好有坏，也就是有盈有亏。

有些老虎机对我们有利，有些则不利。对于任何一台老虎机，我们都不知道自己的胜算有多大。我们可以在任何一台机器上赌，顺序不限，往往会连续赌，或者每回只赌一次。

这就是一幅简化的人生图景。就如同老虎机赌博，我们的行为也会产生积极或消极的影响。我们在人生赌场中的目标是，在一系列赌博中，尽可能获得积极的回报。

在现实生活中，回报可以各式各样：一次成功投资带来的钱财收益；品酒带来的愉悦感；或者是聆听一曲动人的旋律、观赏一尊造型优美的雕塑、看到一张富有同情心的面孔、欣赏一片纯净的风景……种种幸福的瞬间。

两台老虎机的赔率因每一次不同的赌博而发生变化，这足够成为在旧事物和新事物之间不断重复选择的模型了。我们该怎么做？在一台台老虎机前，我们从哪一台开始玩呢？

罗宾斯建议一开始随机选择一台老虎机。很显然，之所以这么做是因为一开始对一切都一无所知，无法权衡。如果赢了，就在同一台机器上继续玩。如果输了，就换一台。这就是“继续或转换”策略。这种策略科学的说法为“赢则坚持，输则改之”（win-stay/lose-switch）。

这种策略是一种强化学习的形式。如果我们对自己的决定感到满意，下次会做同样的决定。如果不满意，则会尝试新的事物。

人们在驯兽时都采用强化学习法。如果动物的行为符合训练要求，它就会得到表扬和食物。反之，不仅不给食物，还会受到责备。驯兽师们知道，动物按照指令做出特定动作的意愿会因为奖励而增加，因为受罚而降低。在教育孩子时，这种奖惩策略也奏效。

再举一个例子：我一直在寻找一款合适的洗发水。一开始，我不得不反复试验各种款式。因为我试过的每一款都不尽如人意，都有各自的缺点。要么是用过之后生出了头皮屑，要么是头皮发红或者是头发干枯如稻草，或者味道我不喜欢。终于有一天，我发现了一款没有上述问题的洗发水，一直用到现在，已经好几年了。这也是一个“继续或转换”的情况。

石头、剪刀、布

我相信你一定知道这个游戏。在反复猜拳的过程中，人们会不自觉地在自己的出拳中加入一些模式。例如，出两次石头后，出布的次数就会比剪刀多得多。或者从不连续三次出同样的拳。猜拳游戏中，每个人都有自己的特点。

常见的模式是统计学版本的“继续或转换”。如果获胜，获胜招式重复出现的次数会多于纯粹的随机选择。如果输了，转换的频率也相应增加，按照游戏名称中出现的顺序那样进行转换：从剪刀转换到石头，从石头转换到布，再从布转换到剪刀。心理学家认为，“继续或转换”深植于人类的潜意识中。

在人生赌场中，“继续或转换”策略意义重大。如果一个决定给我们带来了积极的回报，那么下一次它还会有机会给我们带来回报。这是一种守旧心态。与未知的新事物相比，人们更喜欢旧的、已知的、久经考验的事物。人们更喜欢驻留于自己的舒适区。与其大胆尝试新事物，不如再次尝试迄今为止一直不错的事物，因为冒险尝试有风险，即使新事物可能更好。

虽然这种策略以舒适为导向，但它还是相当严苛的。尤其表现在失利时的无情转换：在一台老虎机上经历一次失败，过去所有的美好都会被遗忘，即使过去在这台机器上曾有过若干次的良好体验。这本来证明了这台机器是不错的选择，而好的选择不应该因为遭遇一次失望而被放弃。举例来说，你会因为第一次遭遇失望而放弃一家你吃了几十次都不错的餐馆吗?

几乎不会吧。

为了缓和这种严苛的态度，我们在策略中加入了一些宽容。根据不同的情况，可以将这种变化理解为失望时的宽容，或者理解为对新事物的兴趣。具体来说，策略的修改如下：如果我们对一台老虎机有好的体验，我们不会一直继续选择它，而是平均每 10 次有 9 次选择它。尽管结果不错，我们还是会有 10% 的概率选择更换。也就是说，就算我们对旧事物很满意，也应该给新事物或者更好的事物一个机会。

大自然母亲也在赌博

大自然也在通过遗传物质的自发变化不断尝试新事物，尽管大自然已然使世界上的物种变得多样。遗传物质的这些变化可能是改良，因为这些变化可以为生物带来新的有利特性。但这些突变往往会形成疾病，或者在其他方面是不利的，所以它们无法完成繁殖，会在繁衍中再消失。因此，突变是积极进化的动力所在。如果大自然总是完全复制遗传物质，就不会有进步。

同样，在失利的情况下，也不会总是更换老虎机，而是 10 次换 9 次。曾经令人失望的老虎机因为这 10% 而获得了第二次机会。策略内在的这种改进可以很好地兼顾恒久性和对新事物的好奇心。

“继续或转换”策略因为这 10%的变化而温和许多。在现实生活中，很多情况下，这种温和的变化会比其冷酷的“策略”姐妹带来更好的结果。因此，在需要反复作决策时，这种策略更值得推荐。

这对我们的生活有何启发?

如果没有过去的经验或其他信息，我们此刻就会随意选择一种可能性。如果对所选之体验良好，我们就很有可能继续。但我们要给新的选项留有 10% 的余地。因此，即便结果是好的，我们也要每隔 10 次改变 1 次。如果体验不好，下一次，我们很可能选择其他选项。不过，我们要为第二次机会留出 10% 的余地。

29 拍卖技巧与策略

本章，作者介绍了拍卖的不同类型，以及在 eBay 网拍卖中最优策略是什么

1797 年是不平凡的一年，这一年发生了很多事：约翰·亚当斯（John Adams）成为美国第二任总统；弗里德里希·威廉二世（Friedrich Wilhelm Ⅱ）成为普鲁士国王；约瑟夫·维比茨基（Jozef Wybicki）创作波兰国歌《波兰没有灭亡》；弗里德里希·席勒（Friedrich Schiller）出版《担保（人质）》。

歌德在这一年做了什么呢？他正在为手稿《赫尔曼与窦绿苔》寻找出版商。我们以此展开本章主题。

歌德一直怀疑出版商们给他的报酬过低，但不想讨价还价，因此针对出版商弗里德里希·费威格（Friedrich Vieweg），歌德想出了妙计。他通过信使给费威格寄了一个密封的信封，里面是他的稿酬要价。费威格先向信使提出报价，如果它低于信封中的要价，合同就无法达成；如果报价高于信封中的要价，歌德也不会要求超过信中的金额，而信封也只能在此时打开。

歌德这一机智的技巧迫使费威格不得不说出他对手稿的真实估价，以此作为自己的报价。人为压低出价对费威格不利，因为那样的话，出版合同可能就落空了。

整个事情的结果如何？

信使没有遵守约定，将歌德 1000 塔勒的要价告知了费威格。随后，费威格给出了完全相同的报价，合同就这样达成了。歌德后来对要价和出价如此一致感到惊讶。但他很满意，因为这笔钱的数目不小。该书出版后成为畅销书。而弗里德里希·费威格作为唯一一个在歌德生前能够从其作品中获利的出版商而被载入史册。

歌德运用自己的方法做到了两个世纪后才被引入拍卖理论的事情，这就是“第二价格拍卖”：所有竞标者为购买一件商品暗中出价。出价最高者赢得拍卖。此中玄机在于，他并没有支付自己出的价，而是只支付报价第二高的出价者价格，即第二价格。在与费威格的小型交易往来中，只要费威格的出价至少一样高，歌德的要价就成了第二价格。

拍卖是一项古老的商业活动。大约公元前 5 世纪，希腊就已经有了这样的活动。当时，人们用这种形式拍卖女性，拍卖活动以很高的价格开始。这个价格被逐渐压低，直到有一个男人愿意支付喊出的价格。有魅力的女性能拍出极高的价格。对于不那么有魅力的女性，卖家必须追加嫁妆或金钱，直到有买家肯接手。这就是一种侮辱人格的人口贩卖。

不过，这种形式的拍卖至今仍在使用。它被称为荷兰式拍卖（也称“降价拍卖”），在德国的邻国荷兰用于拍卖花卉，这就比拍卖妇女好多了。

歌德与费威格定价的方式听起来很奇特，近乎荒谬，却是世界上使用最广泛的拍卖形式。拍卖门户网站 eBay 也以完全相同的方式开展拍卖交易。eBay 网每天拍卖 200 多万件商品。

在这里，也是出价最高的人得到商品。竞拍者不支付自己的出价，只支付最高竞标价加上递加金额，这是每次投标必须递加的最低金额。

你的人生售价多少?

澳大利亚平面设计师伊恩·厄舍(Ian Usher)与妻子离婚后,他痛恨自己的整个人生,想重新开始。2008年,他在eBay上拍卖自己过去生活中的一切。拍卖的全部物品包括:他在珀斯的一套家具齐全的房子、一辆旧马自达汽车、川崎摩托车、喷气滑雪板,还有在雇主那里为期两周的试用期。此外,他承诺把自己所有的朋友和亲人通通介绍给出价最高的买家。

拍卖会于2008年6月22日开始,结束时,伊恩·厄舍确认自己人生的价值为399300澳元,相当于250000欧元。不久之后,他开始了环球旅行,在100周内前往他一直想去的100个目的地。从中国长城到戛纳电影节,直到旅程的最后一站。2010年7月4日,他站在了自由女神像的顶端。为此他写了一本书。迪士尼将他的故事搬上了荧幕。如今,他已成为全球炙手可热的演讲家和励志培训师。

第二价格拍卖似乎对卖家不利。因为,如果出价最高者全额支付自己的出价,卖家可能获利会更多。

但情况并非如此简单。

第二价格拍卖促使我们作为竞标者要给出自己的真实估价作为出价。

为什么?

首先,出价低于我们自己的估价没有好处:如果我们始终是最高出价人,结果就不会有什么变化,最终要支付的价格也不会变。然而,压低出价会使出价人面临更大的风险，有可能失去成为最高出价者的机会。而竞拍者希望在不超出自己的限价（Limit）的情况下最大可能地成为出价最高者。

其次，出价高于自己的限价，也不是最优策略。这样虽然使竞拍者成为最高出价者的机会增加，但同时超出预算的风险也会增加。当竞争者的最高出价高于竞拍者自己的限价时，就会发生这种情况。

传统的最高价拍卖则不同。在这种拍卖中，如果竞标者估计其竞争对手的出价会低于自己，就会提交一个较低的出价。毕竟，竞标者的目的是盈利。而只有当他们的出价低于他们对物品价值的估算时才能实现获利目标。

因此，在最高价格拍卖中，出价往往低于第二价格拍卖中的出价。这一出价差会因为第二价格拍卖中的获胜者只需支付次高出价而得以抵销，两种出价方式产生的不同影响在程度上正好相互均衡。数学上，将此称为两种拍卖形式的收益等价定理。

你在 eBay 上竞拍过吗？在 eBay 上怎么做才是占优策略？除了可忽略的小额增价外，eBay 网拍卖属于第二价格拍卖，你可以以自己能接受的最高起拍价格作为竞标价格参加竞拍。

但还有更多问题需要考虑。假设你采用这种方式为一块很酷的手表给出自己的上限价格 100 欧元。在拍卖结束前一分钟，你看到当前的价格是 80 欧元。你会想，太好了，我马上就可以竞得这块表了。

但在拍卖结束后，你会看到最高出价是 101 欧元。有人出价比你高 1 欧元，这是拍卖狙击手在拍卖会结束前 10 秒给出的标价。如此接近尾声，无人能反应过来。这样的行为已司空见惯。

该从中吸取怎样的教训呢？

当然要吸取教训，那就是自己也要成为一名拍卖狙击手。不要过早暴露自己的限价。要在拍卖结束前几秒钟才给出最高出价。稍后再看看结果如何。你很有可能是最高出价者。如果真是如此，由于时间有限，没有人能胜过你。但如果没有赢得竞标，那就是有人限价比你更高。这样一来，就无能为力了。

万物皆有价

一位拍卖师暂时打断了一场拍卖会，说一位女士的手提包丢失了，她将出价 100 欧元送给诚实的拾得者。这时，从拍卖会大厅后方传来一个声音：“120 欧元。”

我们来总结一下。在你参加 eBay 网拍卖之前，请深思熟虑，确定自己想提出的最高出价金额。然后，在拍卖结束前尽快以此限价参加拍卖。片刻之后，就可以看到自己是否竞拍成功了。

30 用真相说谎

本章，作者告诉我们，数据有时也会说谎，并告诉我们如何辨别

1995 年，英国研究人员发表了一份关于第三代避孕药的长期研究报告。上面写道："服用第三代避孕药而非传统避孕药的女性，发生危及生命的血栓的风险要高出 100%。"

这真是一句让人紧张的话。它立刻在媒体上以醒目的印刷字体被广泛传播。就连卫生部门看到这句话也倍感震惊，因此召开了新闻发布会，并联系了 20 万名医生。

这番操作导致了公众的恐慌。很多女性停止服用避孕药。这使得英国之前意外怀孕的下降趋势发生逆转。后来的统计显示，第二年，即 1996 年，16 岁以下的女性中堕胎增加了 10000 例，怀孕增加 1000 例。此外，新生儿增加 13000 名。

让我们来看看这项研究报告中的数据。研究指出，在 7000 名服用新药的女性中，有 2 人出现血栓。服用传统避孕药的 7000 名女性中只有 1 人。从 1 人增加到 2 人，增长率达 100%。

如果用这种方式告知公众，也就不会出现恐慌了。每 7000 名女性中只有 1 人受到额外影响，这就是增长绝对数，而 100% 这一数值是相对增长，要看这两个数值之间的差异性有多大。两者都是真实的，但相对值使风险的增加看起来比绝对值严重得多。

将研究结果以上述方式传递给公众是不负责任的，简直就是数据

犯罪。

这在医疗领域并非个例。风险概率、死亡率、治愈率数据都会根据需要以绝对值或相对值的形式传播出去。用哪种形式取决于其带来的变化看起来特别小还是特别大。

注意：机会和风险的最真实写照总是以绝对值来体现的。

在一句话当中，一会儿出现一种数据类型，一会儿又出现另一种数据类型，这样尤其容易产生误导。曾有一本小册子说，女性的激素替代疗法可降低患肠癌的风险，降低率“高达 50% 以上”，而患乳腺癌的风险只增加“0.6%——1000 个病例中有 6 例”。

小册子里没提的是，50%这一数值是相对风险，它使降幅看起来很大。而 0.6% 这个数字是绝对风险，它使增幅看起来很小。这就是对读者的误导，是一个彻头彻尾在用数据真相说谎的案例。

因为绝对数字显示，激素替代疗法导致的癌症病例大于其减少的癌症病例。总的来说，它弊大于利。但宣传内容却暗示了相反的情况。

再举一例：德国从 2005 年开始实施乳腺癌早期筛查计划。所有 50 至 69 岁的女性都被要求进行筛查。到目前为止，已有 2000 万女性进行了筛查。这项全国性筛查颇受争议。筛查得出的数据可以说明什么呢？

支持者声称，全面进行早期筛查可将乳腺癌死亡率降低 25%。这是事实。

但是这种说法是什么意思呢？是说不进行筛查就有一定数量的女性死于乳腺癌，而进行筛查后死亡人数就会减少 25% 吗？听起来不错，事实上，这样的信息确实有助于全国性筛查的推行。

然而，更有参考价值的是这样的表述：在每 1000 名参加筛查的女性中，有 3 人在十年后死于乳腺癌；而在未参加筛查的女性中，十年后死于乳腺癌的为 4 人。从 4 人减少到 3 人，即减少 25%，这就是上面提到的数字，这是一种具有相对性的减少。

让我们把视角从垂死者换到幸存者，毕竟，活下来才是主要目的。让我们来看看那些没有死于乳腺癌的女性。

每 1000 名做过筛查的女性中有 997 幸免于乳腺癌死亡。如果不进行筛查，则是 996/1000。也就是说，筛查后，1/1000 不会死于乳腺癌。这就是优点，弊大于利中的“利”。而如果你仔细琢磨一下，这个“利”其实相当小。

不利的方面体现在：1000 名女性中有 999 人未从筛查中受益，反而可能会受到危害。首先，因为乳房 X 线检查带来的辐射会增加患癌的风险。因为每 10000 名女性中就有 1 人死于辐射引起的乳腺癌。

其次，乳房 X 线检查中的误报会造成伤害。这种误诊结果的出现频率比我们想象的要大。在 50 至 69 岁之间接受筛查的女性中，50% 的人的乳房 X 线检查结果显示其患病。这会严重影响生活质量，从没必要担心到一定要做后续检查，甚至是进行了多余的治疗和不必要的手术。

此外，参加筛查的女性平均寿命并不比其他人长。很显然，这意味着筛查只是将死亡原因转移到其他问题上。1000 名女性中有 1 人因为筛查而获救，经历了过度治疗，平均寿命仍比未筛查女性的寿命略长。然而，检查结果被误诊的女性和那些本来有此类肿瘤但对生命并无影响的女性寿命却会缩短。从统计学角度看，两者相互抵消。

我不会做！

教育专家格尔德·吉仁泽（Gerd Gigerenzer）采访了一位

女医生：“作为一名妇科医生，如果不建议女性做乳房X线检查，我担心她以后可能会因为乳腺癌而再次来到医院质问我为什么当初没给她做乳房X线检查。因此，我会建议病人进行乳房X线检查。然而，我还是认为不应该建议病人做这种检查，我只是别无选择。”当吉仁泽问这位妇科医生她自己是否做过筛查时，她说，没做过。

乳腺癌之于女性就像前列腺癌之于男性。风险问题专家戴维·施皮格哈尔特（David Spiegelhalter）作了一项研究。研究中，18.2万名男性根据随机原则接受或不接受预防性检查。医生给出的结果是，在11年间，接受检查者的死亡率比未接受检查者的死亡率要低20%。

同样，这也是一个相对值。我们开始怀疑，于是想要知道绝对值。事实上，这20%只是每1000名男性中死亡人数少了1人，即从5人减少到4人。

大多数类型的前列腺癌是无害的。泌尿科医生称其为宠物癌。你和它共存，它不会要你的命。令人惊讶的是，有多少疾病在人毫不知情的情况下寄生在人的身上，而它们从未导致任何问题出现。

对事故受害者的尸检结果显示，50至60岁的男性中有一半有前列腺癌的前兆。在80岁以上的男性中，这一比例为80%。但只有4%的男性死于前列腺癌，而且，他们的寿命还高于平均水平。请记住：你不是死于前列腺癌，而是与它同归于尽。

我自己的亲身经历

前列腺癌是通过前列腺特异性抗原值（PSA）来检测的。这种检测并不准确。关于这一点，我给大家讲一段我自己的经历。最近我的 PSA 水平很高，家庭医生建议我去泌尿科检查。超声波检查没有发现可疑之处，但 PSA 水平还是高。

4 周后，情况依旧。泌尿科医生建议我做磁共振，我照做了。之后，放射科医生告诉我，我患癌的概率为 90%，最好进行活检。

活检结果显示一切正常。警报解除，没有癌症。随后进行的 PSA 测试证实了这一点。泌尿科医生认为，我可以暂时先把因这个问题而产生的心理阴影消除了。

结论：在健康方面，我们生活在一个充满不确定性的世界里。这种不确定性体现在：突然出现某种症状；患上某种疾病；死于这种疾病；或者以上情况都没有。评估风险时，严肃认真的研究会有所帮助。关于风险，务必要看绝对值以及风险存在的时间段，风险针对的对象——某个年龄组或某个风险组。利用这些数据来决定是否进行检查。此外，还要考虑有多少检查结果是误报？有多少次检查出的是对人体无害的疾病？

31 数学家的逻辑推论证明

本章，作者从一位数学家的一生开始讲起，并解释了他从逻辑学角度对“上帝”的推论

1927 年，维也纳，20 世纪最奇特的爱情故事之一在此展开。库尔特和阿黛尔在一次散步中相识。此刻，他们正一起坐在咖啡馆里。

他单身，懵懂无知，是一位富商的儿子，数学系学生。他外表看起来腼腆、不苟言笑，甚至有些严肃。他面容憔悴、脸色苍白，甚至有些病态。他整个一书呆子，超尘出世，不谙世事。

她恰恰相反，已婚，是一名舞蹈演员，比他年长。她从小生活在小市民环境中，几乎没有时间接受高等教育。她性情张扬，言语犀利。享乐是她的生活风格。

他自带了食物，一份婴儿食品和一瓶不带气儿的纯净水。她点了蛋糕、奶油牛角面包和冰糕，另外还有一大杯波旁威士忌酒。

他就是后来成为 20 世纪最著名的数学家之一的库尔特 · 哥德尔（Kurt Gödel）——亚里士多德之后最重要的逻辑学家。

她是阿黛尔 · 宁布尔斯基（Adele Nimbursky），夜总会舞女，尽情享受生活，对逻辑学不感兴趣。

他和她谈起了逻辑，而她试图迷住他。这就是我想象中的他们的首次约会。

早在当时，哥德尔就已经在探寻整个数学界最具革命性的认知之一——不完备性定理。通过该定理，哥德尔向人们展示了数学的极限性。

该定理指出，有些表述的对错无法被证明，而这不是因为数学家不够聪明，而是从公理出发得出的结论。

例如，关于“表述”自身的表达如下：

“我是无法被证明的。”

如果这句表述是真的，也无法证明，正如它自己所说。但如果这句话是假的，那么它就可以被证明。如果这么做了，就可以证伪。因此，第二种情况在逻辑上是矛盾的，因为假的东西无法证明为真。就此而言，只有第一种情况在逻辑上是说得通的，也就是说，一句表述只有在无法证明的情况下才是真的。

这就是哥德尔不完备性定理的核心。

库尔特·哥德尔和阿黛尔·宁布尔斯基于 1939 年结婚。不久之后，他们离开了奥地利，搬到了美国的大学城普林斯顿。

后来，阿尔伯特·爱因斯坦（Albert Einstein）也定居在那里。哥德尔是少数几个能与相对论的创造者平视交谈的人之一。爱因斯坦后来说，他经常去研究所，只是为了在回家的路上与哥德尔交谈。

爱因斯坦的去世让哥德尔大受打击。从那时起，他再也没有发表过任何成果。他的厌世发展成偏执的妄想。他只吃阿黛尔为他烹饪和品尝过的东西。当妻子中风被送进疗养院后，他拒绝进食，由于饥饿而逐渐衰弱，1970 年，体重不到 30 千克的他离开了人世。

哥德尔是一个秩序狂。他在一切事物中寻找矛盾。他研究数学是否本质上不存在矛盾的问题绝非偶然。后来，他还研究了“上帝”这一概念是否存在矛盾的问题。当然，哥德尔所说的“上帝”不是关于宗教的，他所使用的“上帝”也不是指神学上的“上帝”，而是关于哲学和逻辑学的。

哥德尔的遗作中有一篇引人入胜的文章——关于“上帝”存在的手写

证明。哥德尔生前并未将其发表。因为他担心有人将这一证明理解成哥德尔本人的信仰声明。（他强调在整个证明中，“上帝”被视为一种性质，而不是一个专名。——出版者注）

非上帝所烦忧

如果上帝创造了这个世界，那么他最烦忧的事肯定不是创造一个让我们能理解的世界。

——阿尔伯特·爱因斯坦

在这篇遗作的第一部分，“上帝”被定义为拥有所有积极品质的存在，这里的积极品质并不是类似乐于助人这种道德意义上的品质。对他来说，积极的品质是与其他品质无逻辑矛盾的品质，换句话说，就是无矛盾性的品质。例如，正方形的圆度这一命题是矛盾的，因此这不是积极的属性。每种属性要么无矛盾性，要么有矛盾性。

这一结论，迄今为止，无人反驳：“上帝”是拥有所有无矛盾属性的存在。

在遗作的第二部分，哥德尔对“神性”是否自相矛盾提出质疑。毕竟，神性集合了诸多属性，虽然这些属性无矛盾性，但它们彼此可能互不相容。

哥德尔进行了检验：每种包含无矛盾属性的属性本身肯定也无矛盾性。从无矛盾性事物中只能导出无矛盾性事物。神性也是一种无矛盾属性，因为它包含所有无矛盾性属性。

接下来，哥德尔说，每个无矛盾性属性都可能有一个拥有该属性的存在者。注意：他并未说肯定有这样的存在，只是说可能有这样的存在。因为这种“可能的存在”从逻辑上看无法被排除。由于神性无矛盾性，因此上帝就可能存在。

在遗作最后一部分，哥德尔确信，上帝必然存在。他认为，上帝要么必然存在，要么必然不存在。但说上帝绝对不存在，从逻辑上讲，是不可能的。因为上帝是可能存在的，这一点刚刚已经证明。如果上帝是可能存在的，那么就有确实存在上帝的概率，不管这种概率多小。因此，上帝必然不存在，是不可能的。在上帝必然存在和上帝必然不存在这两种可能性中，我们从逻辑上排除了第二种。因此，哥德尔认为上帝是存在的！

最后一段从上帝存在的可能性推导出了上帝的实际存在。哥德尔发现了大有启发的逻辑步骤来证明这一推导过程。这一逻辑与下面这个论证一致：如果我们碰到火，就会烧到自己。由此可见，如果我们有碰到火的可能性，就有烧到自己的可能性。

哥德尔证明上帝的存在是对的。最近，两位计算机专家在计算机上将该证明进行了编程，证实了哥德尔的证明在逻辑上确实是正确的。

弄虚作假的高尔夫比赛

传说中，摩西、耶稣和一位大胡子老人在打高尔夫球。摩西开球，球落入池塘。摩西举起双臂，水分成两半，球在水波上滚动，直至果岭。

然后，耶稣也打了个长球，直入池塘。他不为所动，走过水面，将球直切送到果岭。老人挥杆发球，打得很糟糕，球也掉进池塘。突然，一只青蛙从池塘里跳出来，嘴里叼着球。然后一只

老鹰俯冲下来，抓住青蛙，飞到球穴区上空，青蛙吐出球，球落在洞口附近，一阵风吹来，球直接被风吹入洞中。这时，摩西对耶稣说：“现在你知道我为什么讨厌跟你爸爸一起打球了吧。”

那个打高尔夫球的老人是宗教上无所不能的上帝。但这个无所不能的上帝不是哥德尔的上帝。哥德尔的上帝只有无矛盾性属性，擅长打高尔夫球是其中之一吗？很难说。然而，有一点无须犹豫：哥德尔的上帝不是全能的。

哥德尔的上帝与宗教课上说的“亚伯拉罕、艾萨克和雅各布的上帝”已经没有多少共同之处了。宗教课上说的上帝是全能、全善、全知的天地创造者，其是否存在，哥德尔并未证明。了解了哥德尔的“上帝之说”有何价值呢？大家可以思考。

致谢

我要感谢经纪人汉娜·莱特格布（Hanna Leitgeb）在本书刚刚列出章节标题时就已经给予的支持和付出。另外，感谢居特斯洛（Gütersloh）出版社将本书纳入出版计划，一直以来我们的合作都非常愉快。还要特别感谢托马斯·施密茨（Thomas Schmitz）在写作过程的各个阶段对本书的出色指导。

跟以往一样，最要感谢的是我的家人：安德里亚·罗梅勒（Andrea Römmele）、汉娜·海瑟（Hanna Hesse）和伦纳德·海瑟（Lennard Hesse），感谢他们为我所做的所有可能和不可能的事情。

图书在版编目（CIP）数据

数学真有用：生活中的数学智慧 / (德) 克里斯蒂安·黑塞著；关玉红译. -- 沈阳：辽宁科学技术出版社, 2025. 2. -- ISBN 978-7-5591-4019-7

Ⅰ. O1-49

中国国家版本馆 CIP 数据核字第 2024PE0236 号

出版发行：辽宁科学技术出版社
（地址：沈阳市和平区十一纬路 25 号　邮编：110003）
印 刷 者：辽宁新华印务有限公司
经 销 者：各地新华书店
幅面尺寸：145mm × 210mm
印　　张：5.25
字　　数：150 千字
出版时间：2025 年 2 月第 1 版
印刷时间：2025 年 2 月第 1 次印刷
责任编辑：张歌燕
装帧设计：袁　舒
封面设计：郭芷夷
责任校对：韩欣桐

书　　号：ISBN 978-7-5591-4019-7
定　　价：49.80 元

联系电话：024-23284354
邮购热线：024-23284502
E-mail:geyan_zhang@163.com